U0139577

The New Black
Mourning, Melancholia
and Depression

我们为什么会抑郁

哀悼、忧郁与精神分析

Darian Leader

〔英〕达里安·利德 著

王 婧 金伟闯 译

中国出版集团 东方出版中心

图书在版编目（CIP）数据

我们为什么会抑郁：哀悼、忧郁与精神分析 /（英）达里安·利德著；王婧，金伟闯译. －上海：东方出版中心，2023.7

ISBN 978-7-5473-2229-1

Ⅰ.①我… Ⅱ.①达… ②王… ③金… Ⅲ.①抑郁－心理调节－通俗读物 Ⅳ.①B842.6-49

中国国家版本馆CIP数据核字（2023）第120404号

上海市版权局著作权合同登记：图字09-2023-0676号

我们为什么会抑郁：哀悼、忧郁与精神分析

著　　者　[英]达里安·利德
译　　者　王　婧　金伟闯
责任编辑　陈哲泓　　时方圆
装帧设计　徐　翔

出 版 人　陈义望
出版发行　东方出版中心
地　　址　上海市仙霞路345号
邮政编码　200336
电　　话　021-62417400
印 刷 者　上海万卷印刷股份有限公司

开　　本　890mm×1240mm　1/32
印　　张　7.25
字　　数　120千字
版　　次　2023年10月第1版
印　　次　2023年10月第1次印刷
定　　价　49.00元

目　录

引
言

从医生那里拿到当下流行的抗抑郁药的处方，并在药剂师那里取到药之后，这位年轻女子回到家，打开了那个看着很小的包装袋。她曾想象过一个淡黄色的瓶子，里面装满了密密麻麻的胶囊，像维生素丸一样。但她看到的却是扁平的金属包装，每粒药片与邻近的药片都被一大片不成比例的空箔隔开。"每一粒药片都是孤寂的，"她说，"就像在金属壳里互相凝视。它们都在各自的小监狱里。为什么不把它们松散地、自由地放在一个盒子里呢？"药片的包装方式让她感到困扰。"它们像听话的小兵一样排列着——为什么连一个打破队形的都没有？"她的下一个念头是把所有的药片一起吞下去。当我问她为什么时，她说："这样它们就不会感到那么孤独，那么幽闭恐惧了。"

虽然在西方世界有数百万人服用抗抑郁药，其他国家的数字也在稳步上升，但在为抑郁症提供药物治疗的这些人当中，似乎没人想到药物本身也可能成为这种疾病的一面镜子。孤独的药片给打开包装的人发送了一条残酷的信息。分离的单元这一惨淡形象传达了现代个人主义的消极面，我们每个人都被视为孤立的行为主体，与他人隔绝，被市场中商品和服务的竞争驱使，而非被团体和共同的努力驱动。

当然，抗抑郁药物的包装有其原因。把药片隔开便于让患者记录他们已经服用的数量。有人可能会说，这样能够更好地管理抑郁症。更有人会认为，将药片用空铝箔或塑料隔开，可以防止患者服用过量。但我们可能会想，有多少人曾盯着自己的抗抑郁药物的包装，脑海中萦绕着与上面那位年轻女性类似的想法呢？

我们可以将这种情况看作抑郁症在当今社会如何被对待的一种隐喻。患者的内心生活未经考察而优先考虑医学治疗。遵循服药指南比检视病人与药片的实际关系更重要。抑郁症被视为一个生理问题，就像细菌感染一样，需要一种特定的生物疗法。患者必须回到过去高效而快乐的状态。换言之，对人类内心的探索正在被一种固化的精神卫生观念取代：问题必须被解决而不是被理解。

这种看待抑郁的方式会是问题本身的一部分吗？今天，由于人类［健康］状况的诸多方面都被解释为生理性的缺乏，人们对无意识精神生活复杂性的理解变得空洞起来。抑郁症被认为是 5 -羟色胺缺乏的结果，而不是对丧失和分离经验的反应。药物治疗的目的是使患者恢复到社会适应和社会效用的最优水平，很少考虑他们心理问题的长期原因和可能的影响。

然而，社会越是从这些机械的角度看待人类生活，抑郁状态就越可能分化。将抑郁症当作需要用抗生素治疗的感染并采用同样的治疗模式，这始终是一个危险的决定。药物并不能治疗最初使人抑郁的东西，症状越被视为异常行为或不适应行为的表现，患者就越会感受到标准的压力，这种标准告诉他们应该成为什么样的人。他们成为当下把人看作"资源"这种观点的牺牲品，在这一视角下，一个人只是一个能量单位，一套可以在市场上打包买卖的技术和能力。如果这就是人类生活的现状，那么，如此多的人选择拒绝这种命运，在陷入抑郁和痛苦时失去自己的能量和市场潜力，这很令人惊讶吗？

我在这本书里认为，我们需要放弃目前框架下的抑郁症概念。作为替代，我们应该把所谓的抑郁症看作一组症状，这些症状来自复杂的、总是大相径庭的人类故事。这些故事总是包含着分离和丧失的经验，即使有时我们并未意识到它们。我们经常被生活中的事件影响，却没有意识到它们的重要性，以及它们如何改变了我们。为了理解我们如何对这些经历做出反应，需要有正确的概念工具，我认为这些工具可以在古老的哀悼（mourning）和忧郁（melancholia）①概念

---

① 在本书中，根据不同语境，译者将 melancholia 翻译为"忧郁"或"忧郁症"，当上下文为生活、文学或电影场景，或与哀悼并列时，译为"忧郁"；当上下文有和神经症、偏执狂等诊断结构的对比，或涉及临床案例时，译为"忧郁（转下页）

中找到。抑郁（depression）是一个用于描述各种状态的模糊术语。哀悼和忧郁则是更精确的概念，有助于阐明我们如何处理——或未能处理——作为人类生活一部分的丧失。

在大众心理学中，哀悼常被等同于从丧失中恢复过来。但我们可曾真的从失去的伤痛中走出来过？难道我们不是以一些不同的方式，让它们成为我们生活的一部分吗？这些方式有时是卓有成效的，有时是灾难性的，但绝不是毫无痛苦的。一种更为细致和详尽的观点将会被用以探究哀悼的机制与变迁。至于忧郁，它通常被看作一个过时的类别，一段引人好奇的历史，或者作为一个诗意的词来形容一种孤芳自赏的悲伤情绪。正如我们将看到的那样，忧郁的意义远不止于此，它可以帮助我们理解一些最为严重的抑郁症案例，在这些案例中，他们〔患者〕确信自己的生活毫无价值，无法过活。

几年前，当我重读弗洛伊德的《哀悼与忧郁》（*Mourning and Melancholia*）这篇短小精悍的文章时，我震惊地感到后世的分析师们对哀悼的论述竟如此之少。关于人们应对丧失的行为的描述已经数不胜数，而对哀悼的更深层

（接上页）症"。与之对应，将 the melancholic 译为 "忧郁者" 或 "忧郁症患者"。需要强调的是，这两种译法只是结合语境，并无性质的不同，其内核都具有弗洛伊德和拉康意义上的病理性特征。（本书脚注如无特别说明均为译者注）

心理的描写却少之又少。弗洛伊德的同事卡尔·亚伯拉罕（Karl Abraham）就这一主题写了一些精彩的论文，他的学生梅兰妮·克莱因（Melanie Klein）则把哀悼作为其心理发展观的核心。然而后来的分析师们的评述似乎更为保守。事实上，我们在几周内便可读完与弗洛伊德这篇文章主题相关的英文文献的绝大部分，而精神分析其他主题的相关书籍、论文和会议记录堆积如山，需要花费数年时间才能读完。两者相比，关于前者的文献可谓极少。我想知道这是为什么。

忧郁也是如此。它对弗洛伊德来说无疑是一个至关重要的概念，然而除了小部分历史性的研究外，分析师们几乎没有写过相关的文章。如何解释这种忽视呢？一个答案似乎显而易见。哀悼和忧郁这两个术语在从前被人们接受，而今天大家都在谈论抑郁。旧术语的消失或许与新概念的流行有关。过时的分类已被一个最新的、更精确的概念替代，而抑郁的文献当然也不会少见。这的确是一个广阔的研究领域，要探讨所有已发表的文献是不可能的。

然而，即使粗略地浏览一下目前关于抑郁的研究，也会发现它们并不能解决我们的问题。今天研究者们关注的问题与弗洛伊德和他的学生所关注的相去甚远。关于我们在精神上如何回应丧失经验的复杂理论，已经被对表面的行为、令人怀疑的生化学和肤浅的心理学的相关论述所取代。在统计数据和图表中，没有一处是患者本人实际的言语报告，倾听仿佛不再重要。早期研究的丰富性已经消失了。以往分析师们的研究错综复杂，关注人类的主体性，而这些已经不复存在。前后研究的已经不再是同样的问题了。这是进步吗？

在这之后，我想到了另一个主意。我去了一家当地书店，希望能找到一些关于丧失的最新研究成果。在浏览了非小说类书籍后，我发现没有什么新东西，于是我转向了小说书架。这里有来自世界各地的书籍，由年轻的小说家、当红的作家和过去的大师所撰写。其中许多书显然是关于丧失、分离和失去亲人的故事。有那么一瞬间，作品的庞大数量让我感到眩晕。几个星期以来，我一直为我的研究主题缺乏相关文献感到困惑，而现在我面对着一排又一排的相关书籍，架子上几乎没有其他内容的书。于是我突然想到，我一直在寻找的关于哀悼的科学文献或许就是所有的文学（all literature）。这一片涉及各种主题的茫茫书海，其实都是关于哀悼的科学文献。这也让我开始思考哀悼、丧失和创造性之间的关系。艺术在哀悼的过程中占据什么地位呢？艺术是否真的可以成为一个不可或缺的工具，让我们能够理解生命中所有那些无法避免的丧失？

这仍然难以回答我的问题。我们怎样理解今天对于哀悼和忧郁的分类？旧时弗洛伊德的概念是否仍有相同的价值，又或需要加入一些新的东西？我们该如何区分这两个概念？它们如何让我们重新思考那些饱受抑郁之苦的人所感受到的极为痛苦的糟糕状态？为了开始思考这些问题，我们首先要摆脱"抑郁"一词的沉重负担。它被如此广泛且随意地使用，以至于成为详尽研究我们对丧失的反应的障碍。过去三十多年来，现代西方社会越来越多地接受了抑郁的概念，却没有什么真正的理由。对于抑郁症的诊断已经达到了如此的支配地位，这一事实需要解释。

抑郁症的概念越是被不加鉴别地使用，人类对丧失的反应越是被简化为生化问题，探索哀悼和忧郁之复杂结构的空间就越小，而正是这些结构使弗洛伊德如此着迷。这两个概念需要被复兴，我会在后文中论证这一点，而抑郁症的概念应该仅仅作为一个描述性的术语来指代行为的表面特征。在简单介绍今天关于抑郁症的一些争论后，我转而对弗洛伊德的理论进行详细研究。这些理论受到了后来分析师们的批评，我们将会看到，在弗洛伊德最初的研究后，卡尔·亚伯拉罕和梅兰妮·克莱因如何对丧失的研究做出了重要的贡献。尽管他们的想法在今天看来可能有些牵强，或者仅仅有些过时，但他们身上仍有许多值得学习的地方。

在早期的开创性工作之后，对弗洛伊德文章的一个至关重要的批评变得不可避免。弗洛伊德把哀悼看成个人的任务，然而每一个有记载的人类社会都把公共的哀悼仪式放在中心位置。从着装和饮食习惯的改变到高度程式化的纪念仪式，丧失通过一套仪式、习俗和规范的体系在群体中被铭记。这不仅涉及失去亲人的人及其直系亲属，还涉及更大的社会群体。然而，为什么丧失必须被公开处理呢？如果今天的社会对这种公开展示持怀疑态度，越来越倾向于把悲伤变成私人的事件、个人的领域，这会对哀悼本身产生影响吗？今天的哀悼是否会因为社会哀悼仪式被削弱而变得更加困难？我想说的是，哀悼是需要他人的。

探讨这些问题让我们能够确定哀悼的任务。悲伤可能是我们对丧失的第一反应，但悲伤和哀悼并不完全是一回事。如果我们失去了所爱之人，无论是因为死亡还是分离，哀悼从来都不会是一个自动的过程。事实上，对很多人来说，它从未发生过。我们将会描述哀悼过程的四个方面，它们标志着对丧失予以深入思考的工作正在进行。没有这些，我们可能会陷入停滞不前、悬而未决的哀悼或忧郁之中。在哀悼中，我们为逝者感到悲伤；在忧郁中，我们和他们一同死去。在最后一章中，我们在弗洛伊德思想的基础上勾勒出了一个关于忧郁症的理论，并阐述了创造力在这种令人痛苦和充满破坏的情形中的关键地位。

我要感谢那些对本书做出贡献的人。首先是我的分析者们，感谢他们说出了自己生命中最痛苦的事情，这需要洞察力、努力以及勇气。书中的许多内容都是由他们阐述的，我常常感到我所做的不过是写下他们的话。我也非常感谢 Genevieève Morel，她的工作为我对哀悼和忧郁的探索提供了持续的灵感。我要感谢弗洛伊德分析研究中心（CFAR）的所有支持，它的一个研究小组使我得以详细阐述本书的许多主题。还要特别感谢 Ed Cohen，他的兴趣、鼓励和批评是无价的，也要感谢为本书做出贡献的朋友和同事们：Maria Alvarez，Pat Blackett，Vincent Dachy，Marie Darrieussecq，Abi Fellows，Astrid Gessert，Anouchka Grose，Franz Kaltenbeck，Michael Kennedy，Hanif Kureishi，Janet Low，Zoe Manzi，Pete Owen，Vicken Parsons，Hara Pepeli，Alan Rowan and Lindsay Watson。Dany Nobus 很好心地帮助我在《拉康研究期刊》（*Journal for Lacanian Studies*）上发表了我的一些研究的技术性初稿。汉密尔顿出版社（Hamish Hamilton）的 Simon Prosser 是一位完美的编辑，Anna Ridley 和 Francesca Main 提供了雪中送炭般的帮助，Capel-Land 的 Georgina Capel 和往常一样，是一位亲切而耐心的经纪人。

第一章

今天，抑郁症无处不在。全科医生对它做出诊断，名人们透露自己受到它的折磨，孩子们因为它而被开出药物处方，媒体文章争论它，肥皂剧中的人物与它搏斗。然而在四十年前，抑郁症非常少见。只有小部分人被认为患有抑郁症，而且作为一个诊断类别，抑郁症几乎没有尊严可言。人们焦虑或神经质，但不抑郁。这有时可以用科学知识的发展来解释。因为直到今天，我们才真正了解什么是抑郁症，我们才可以回溯过往并意识到抑郁症其实一直都存在，只是未被诊断出来罢了。诊断的迅速增长不过是科学进步的一个标志而已。

从这个角度来说，抑郁症是一种特殊疾病的名称。它有特定的生物学标志，并且在所有的人类社会中都可以找到。它包括失眠、食欲减退和精力不足等症状，这种生理性的生命特征的丧失被归因于大脑中的化学问题。一旦我们有了这些最初的症状，文化便可能会帮助塑造它们，突出其中一些症状，并鼓励我们对另外一些保持谨慎。我们可能会毫不犹豫地告诉医生或朋友自己感到精疲力竭，但又不愿透露自己力比多的丧失。

根据这一观点，我们的生理状态会被我们所处的文化环境解释为情绪和情感。例如，精力不足在一个社会中可能会被解释为"悲伤"或"内疚"，而在另一个社会中则不然。同样，不同文化对这些感受的回应也会大相径庭，从关注和关心到漠视和排斥，不一而足。有些文化会提供丰富的词汇来描述这些感受，并赋予它们合法性，而另一些文化则不会如此。从这一观点来看，我们所谓的"抑郁症"是西方医学对一组特定生理状态的特殊解释，脑化学在其中是基本问题。

另一种观点认为，抑郁症是我们的社会深刻变革的结果。市场经济的兴起导致了社会支持机制和群体意识的崩溃。人们失去了与社会群体相联系的感觉，并因此感到精疲力竭和孤独。由于缺乏资源、经济不稳定、承受巨大的压力，而且几乎没有其他途径和希望，他们病倒了。由此看来，抑郁症的原因是社会性的。持续的社会压力最终必然会影响我们的身体，但首先到来的是压力，其次才是生物性的反应。

这种社会观点与一些精神分析学家的观点相呼应，他们将抑郁症视为一种抗议形式。当人类在工业化社会被视为能量单位时，不管他们是否意识到这一点，他们都会反抗。因此，从拒绝当前的控制和统治形式这个意义上来说，许多今天被贴上抑郁症标签的东西都可以被理解为旧时的癔症。社会越坚持效率和经济生产力的价值观，抑郁作为一种必然的结果就会越加泛滥。类似地，现代社会越督促我们在寻求实现的过程中获得自主和独立，与这些价值观完全相反的阻抗形式就越会出现。它把苦难置于富足之中。因此，抑郁是对我们被告知的东西说"不"的一种方式。

世界卫生组织称，到 2010 年，抑郁症将成为继心脏病之后最大的公共卫生问题。它将影响 25％ 至 45％ 的成年人，儿童和青少年的比率还在上升。美国儿童和青少年精神病学学会称，目前美国有近 350 万抑郁的儿童，超过 6％ 的美国儿童正在服用精神科药物。然而在 1950 年，据估计，抑郁症只影响了 0.5％ 的人口。在过去的半个世纪里发生了什么呢？

精神病学和精神分析学的历史学家们大多认为，抑郁症是在 20 世纪下半叶由多种因素创造的一个临床类别：有一种将心理问题同其他健康问题一样进行打包的压力，因此，人们开始对外在行为而非无意识机制加以强调；20 世纪 70 年代，随着弱安定剂成瘾性的公布，市场对它的需求锐减，因此必须推广一种新的诊断类别——及其疗法——来解释和迎合城市人口的不适；而关于药物试验的新法律更青睐简单且离散的疾病概念。作为结果，制药公司同时制造了疾病的概念和治疗药物。大多数已发表的研究都是由这些制药公司资助的，抑郁症不再代表由多种无意识原因引起的症状复合体，而是更多地指代抗抑郁药物所作用的东西。如果这些药物影响情绪、食欲和睡眠模式，那么抑郁症就由情绪、食欲和睡眠模式的问题构成。换句话说，被创造出来的抑郁症与被发现的抑郁症一样多。

今天，关于抗抑郁药物的声明被一些人怀疑。众所周知，大多数关于其有效性的研究都是由行业资助的，直到最近，这些药物的负面效应也几乎从未被发表过。对于药物特异性①的声明也受到了严重的质疑。尽管如此谨慎，抑郁症仍被视为一种大脑问题，这种观点保持着它的吸引力，甚至对怀疑论者也是如此。当报纸上的文章指出某些药物（如帕罗西汀）的危险性，暗示它们会增加自杀的风险时，对其原因的解释仍是基于生化学：药物会引起自杀的念头。因此，药物的批评者和它的制造者一样相信：我们的思想和行为可以被生化学所决定。

这些批评仅仅是在说药物不够好：它们需要更有针对性，促进积极而不是消极的想法。这种观点完全忽略了一

---

① 药物特异性，不同药物具有不同的化学结构，这使得它们可以与人体内特定的受体结合，从而作用于特定的器官或组织；但是药物与受体的特异性结合并非绝对，一般而言，药物不仅会作用于靶器官，也能对其他器官或组织产生影响，临床上具有纯粹特异性的药物很少。

点，即自杀有时可能是由最初的诊断不当导致的，例如我们稍后将看到的那些将忧郁症误诊为"抑郁症"的情况。同样重要的是，这种观点没有考虑到抑郁症本身可能是一种保护机制，如果去除它，绝望的行为会更有可能发生。事实上，一些研究认为轻度抑郁可以防止自杀。在其他情况下，药物抑制一个人的精神状态的方式可能会造成防御的短路，这种真正的防御抵抗着那些自杀的感觉。

"抑郁症仅仅是一种生物学疾病"，这一神话已经取代了对人类面对丧失和沮丧时各种反应的详细研究。社会和经济力量无疑在这场将悲伤转化为抑郁的努力中发挥了作用。从某种意义上说，我们被教导着要把人类情况的几乎每个方面都视为我们有意选择和潜在控制的对象，因此，当制药公司兜售它们的产品时，会利用我们的自我形象中的这些现代成分做文章。我们可能病了，但我们可以选择吃药，这样就会好起来。如果不这样做，就会显得不理智和具有破坏性。即使是在秘鲁利马的棚户区，色彩鲜艳的大型海报也在刺激公众向他们的全科医生索要名牌的抗抑郁药物。据称，这些药物会让我们恢复到原来的自我。

尽管已有很多研究表明，抗抑郁药物实际上并没有取得它应有的效果，但是我们的社会似乎只对正面的公关感兴趣。我们知道，大多数的研究是由行业资助的，这些药物并不像它们声称的那么有效，它们确实有着严重的副作用，并会产生明显的戒断问题。我们也知道，随着时间的推移，心理疗法提供了一个更好且更坚实的治疗。然而，伴随着制药公司那些新的、听起来很科学的宣传，这些药物的处方仍被不断地开出。在全球范围内，这构成了一个规模高达数十亿美元的市场，想要让行业的内部人员下决心关闭这个市场，可谓痴人说梦。

在英国，制药业是盈利排名第三的经济活动，仅次于旅游业和金融业。英国国家医疗服务体系（NHS）在英格兰的药物支出约为数亿英镑，其中约 80％ 花费在专利品牌产品上。似乎有必要对相关研究进行无党派的（non - partisan）评估，然而目前，在负责为国家医疗服务体系筛选和批准药物的 35 名政府委员会成员中，有 27 人从制药行业获得私人薪水。如果研究这类药物的个体研究人员可以得到研究成果的 50 或 100 份期刊抽印本并寄送给同事，那么由行业资助的研究成果可能会获得 100 000 份重印本，并通过免费分发给医生而获益。这些经济因素造成了一种错觉，即支持这些药物的意见是均衡的。

这里的问题不仅仅是获取信息，首先要明白什么才算信息。研究一种特定的抗抑郁药物可能并非那么困难，但是一个试图质疑抗抑郁药物本身有效性的项目将很难找到资助。开展这些研究并传播其成果需要强有力的支持，这意味着只有工业界才真正拥有这种资金。此外，为了使这些研究被认为是"科学的"，它们必须使用与药品供应商相同的语言和诊断系统。否则，人们会认为无法进行有意义的比较。这产生了一个不幸的后果：即使是最基本的概念，如抑郁症本身，也倾向于避免被严格审议。

然而，为什么我们要将抑郁症视为一个单一的、独特的实体呢？显然，这是制药业希望我们做的，因为这有利于那些声称能够治疗它的药物的销售。但我们不应该让制药公司独自承担责任。当代社会——也就是我们自身——在塑造我们看待自己和疾病的视角的过程中也发挥着作用。当问题出现时，我们希望能够快速地命名它，这使得我们更容易接受医生和制药公司为我们提供的标签。我们中的大多数也不想费力地探索自己的内心世界，这意味着我们更愿意把症状看作局部困扰的迹象，而不是关乎自身整个存在的困难。能够把我们的不适、焦虑或悲伤归类到"抑郁症"这个笼统的术语之下，然后吃一片药来治疗，自然会比把我们的整个生活放在心理显微镜下观察更有吸引力。

但是，如果抑郁症本身就像那些被告知自己患有抑郁症的人一样，是复杂多样的呢？为什么不把抑郁症的表现症状看作更类似于发烧这样的状态呢：它们可能在不同的人身上看起来是一样的，但其病因非常不同。就像发烧可能是疟疾或普通流感病毒的症状一样，食欲不振也可能是不知不觉陷入爱河的迹象，或者是因为拒绝了他人的过分要求，又或是缘于某些隐秘的悲伤。这些原因永远无法在十或二十分钟的全科医生诊疗中被发现，它们需要长时间详细的倾听和对话。在表面现象——如情感淡漠、失眠和食欲不振——与产生这些状态的潜在问题之间存在着至关重要的区别，而这些问题通常与我们的意识相距甚远。

那么心理疗法呢？作为与药物治疗相对应的必要手段，想必患者很容易通过全科医生和医院接触到它们。它们不是恰好为抑郁症患者提供了他们所需要的倾听空间吗？不幸的是，情况远非如此。心理疗法通常可用，但这个术语本身可能具有误导性：它几乎总是指短期的认知行为疗法（CBT），而很少指长程的精神分析治疗。CBT将人们的症状看作是错误学习的结果。通过适当的再教育，人们可以纠正自己的行为，使其更接近被期望的规范。CBT本身就是一种针对心理卫生的调节方式。它没有为存在于人类生活核心的性或暴力的现实留下空间。这些被视为异常现象或学习错误，而不是原初的、根本的冲动。同样，症状也不被视为真相的载体，而是需要避免的错误，这个问题我们将在本书后面的部分讨论。

然而，CBT几乎是医疗信托机构提供的唯一的心理疗法。原因很简单：它有效。但不是我们所希望的那样。作为一种表面的治疗，它无法触及无意识的情结和冲动。它所能做的就是提供让英国国家医疗服务体系的管理人员满意的书面结果。它配备了自己的评估测试和问卷，往往会给出非常积极的结果。从书面上看，它可以帮助人们摆脱症状，并让他们更快乐。但是，除了问卷调查方法众所周知地不可靠之外，它也没有考虑到人们的未来或日后可能出现的其他症状。当这些症状出现时，病人最终又回到了候诊名单上，由于表面症状可能已经变得不同，所以第一次治疗看起来并不像是失败了。表面现象和潜在结构之间的差异又一次被忽略了。

抑郁症的精神分析疗法与CBT非常不同。如果一个病人说"我很沮丧"，分析师不会声称知道这意味着什么，或者什么对他们是最好的。相反，这将是一系列有待拆解和探索的问题：这句话对那个特定的人意味着什么？目前的问题如何被他们的无意识精神生活所塑造？分析师并不比他所面对的病人更清楚，他们的首要目标并不是消除症状，即使最后结果如此。相反，重要的是允许症状中所呈现的东西被清晰地阐述出来，尽管它们可能与社会规范相冲突。在精神分析中，分析师并不是专家，病人才是。

病人当然比分析师更了解他或她的问题根源，但这种知识相当奇特。它不是意识的知识，而是无意识的知识。病人不知道自己知道它，就像我们可以意识到自己的梦有某种含义，却无法说明或解释它们。分析旨在将无意识的材料揭示出来，这将永远是一个困难和不可预测的过程。没有什么是可以事先知道的，病人和分析师之间的关系很可能会变得像任何其他形式的亲密人际关系一样动荡不安。分析的这些特征意味着，它很难符合当代反风险社会所看重的东西：迅速和可预测的结果、绝对的透明和对不必要行为的消除。声称提供这些解决方案的正是 CBT，而不是精神分析。然而，付出的代价是一种美容式的治疗，它针对的是表面问题而非深层问题。

对哀悼和忧郁的思考能够让我们超越这些表面特征，找到隐藏在它们之下的东西。与宣传最新的抗抑郁药物不同，它对任何人来说都不意味着大生意。然而，当我们阅读了一篇又一篇将抑郁症视为大脑疾病的论文时，我们完全没有意识到，许多人经历惰性和对生活缺乏兴趣，其核心在于失去了一段珍贵的人际关系，或产生了个人意义层面的危机。如果这些因素被完全认识到，它们就会变成"压力"的模糊说法，并被降级到诊断的边缘地带。在我们新的黑暗时代，个人经验和无意识的内在生活已经被排除在我们被鼓励思考自己的方式之外。我们的需求和愿望以其表面价值被理解，而不是被看作对冲突和通常互不相容的无意识欲望的遮蔽。

"抑郁"是一个太过笼统的术语，在这里对我们没有帮助。虽然并不是所有抑郁状态的出现都暗示着潜在的哀悼或忧郁，但这些概念仍然可以让我们更清楚地处理丧失的问题。它们可以告诉我们为什么抑郁反应会发展成一种严重的、持续的沮丧，有时甚至会发展成一种可怕的、无休止的自责和内疚的噩梦。在日常生活中，抑郁状态最明显的诱因与我们的自我形象有关。有些事情的发生让我们质疑自己希望被别人看到的方式：老板批评了我们，爱人变得疏远，同事不认可我们的成就。换句话说，我们讨人喜欢的理想形象被刺穿了。

但是，抑郁不仅可能发生在理想形象受损的时刻，也可能发生在我们真正实现理想的时候：打破世界纪录的运动员、终于征服了目标的引诱者、获得期待已久的晋升的员工。在这种情况下，我们的欲望突然消失了。我们可能多年来一直在努力实现某个目标，但是当不再有任何东西可以实现时，我们会感觉到生命的核心存在着空虚。大多数人在考试结束后都会以某种形式经历这种情况。等待已久的时刻已经到来，现在只有忧伤。

这些抑郁状态并不总是导致长时间的、严重的绝望和沮丧，但是当它们出现时，我们可以怀疑这是哀悼的问题，在某些情况下，是忧郁的问题。起起落落当然是人类生活的一部分，把每一段忧伤的经历都归结为病态是错误的。但是，当低潮开始像滚雪球一样越滚越大，积聚起自己的抑郁势头时，我们必须问一问，它们还重现或吸收了哪些其他的问题。在大多数情况下，有意识的内省是无法触及这些的，需要仔细的分析和对话才能使之变得更清晰。

一位年轻女子在终于能够搬去和男友同住时，陷入了严重的抑郁。他们的异地恋已经持续了两年，每个周末都会轮流穿越大西洋去看望对方。当男友同意搬到伦敦时，令人疲惫不堪的航班、时差和奔波劳累似乎终于要结束了。现在他们可以待在一起，第一次共享一个空间。两个人都充满了希望，然而在他来了没几天之后，她开始变得悲伤、迟钝和焦虑。随着这些感觉越来越强烈地充斥着她，这段关系破裂了。直到几年以后，她才在自己的分析中理解是什么导致了她的抑郁状态。为什么偏偏在她如愿以偿的那一刻，一切都土崩瓦解了呢？

直接的解释就是，她现在已经没有了欲望。她的恋爱关系的特点是渴望和距离，现在这些障碍都已消除，没有什么可向往的了。抑郁是这一达成所带来的空虚的结果。虽然这种观点可能有一定的道理，但实际情况更复杂。这段异地恋究竟是由什么构成的呢？当她描述周末往返美国的旅程时，她意识到，对自己来说关键的是离别时刻；换句话说，是她不得不说再见的时候。她的记忆都集中在希思罗机场或肯尼迪机场那些泪流满面的感人场景上。但为什么它们如此重要呢？

在她 14 岁的时候，她的父亲死于癌症，然而家里没有人告诉她父亲得了什么病，也没有人告诉她父亲会死。她知道他的身体不舒服，但他去世的消息却如同一场可怕而无法预料的冲击。她一直以为很快就能见到他，但是当她被带出教室并被告知这个噩耗时，她说，好像"一切都没有意义了"。他已经在医院住了几个星期，可她并没能见到他。他去世了，但她从未能说再见。

她现在已经明白是什么维持了她和男友的关系，又是什么结束了这段关系。她爱上了一个生活在远方的男人，这并非偶然。周末的旅行让她上演了她所说的"一百次告别"。每次他们分开时，她都会情绪强烈地说再见，这正是她未能对父亲做到的。正是她再也不能说再见的那一刻，也就是男朋友搬到伦敦、消除了他们之间距离的那一刻，她的爱开始消退，抑郁开始了。在抑郁的情绪之下，是对她死去的父亲的哀悼。

　　要思考丧失和哀悼的问题，我们可以从弗洛伊德在1915 年起草并在大约两年后发表的简短论文《哀悼与忧郁》开始。我们可能会想当然地认为，哀悼和忧郁都涉及对丧失的反应，但是当弗洛伊德写他的文章时，这一点并不明显。如果哀悼是指丧失之后的悲伤，那么将忧郁与丧失的经历相联系绝不是一种被接受的观点。在弗洛伊德之前，医学文献并没有以这样一种系统的方式将它们联系起来。

　　在阅读更早的作品时，我们偶尔会发现忧郁和丧失之间的联系，但它们往往被视为偶然的、关联毫不紧密的细节。于1621 年首次出版的《忧郁的解剖》①一书的作者罗伯特·伯顿（Robert Burton）曾打趣说，"很少有人知道忧郁，但更少的人不知道忧郁"，不过最近对忧郁概念的研

---

① 《忧郁的解剖》（*Anatomy of Melancholy*），一本关于忧郁的综合性著作，探讨了忧郁的原因、症状、治疗和预防等。这本书对医学、哲学、文学等领 （转下页）

究突出了它的变化形式和典型症状的不稳定性。如果我们今天把它与忧伤或痛苦的怀旧相联系，那么在过去它常常与躁狂状态或创造力时期联系在一起。浏览不同的描述，我们会发现最常见的症状是没有明显原因的恐惧和悲伤。直到19世纪，悲伤和情绪低落都不是忧郁的定义性特征。事实上，对单一主题的执着——这在后来被称为"偏执狂"——是一个更普遍的标准。我们从这些描述中提取的忧郁症的临床图景更强调焦虑，而不是抑郁的感觉。

这似乎令人惊讶，尤其是考虑到一些精神病学的见解倾向于把焦虑和抑郁分开。虽然大多数精神科医生都很清楚这两种状态不可能如此轻易地加以区分，但在文献中仍然经常会发现它们被分别对待。然而，任何一个经历过丧失的人，都可能熟悉这种令人不安的节奏：在一种耗竭感之后，紧接着到来的是预期中的恐惧。刘易斯（C. S. Lewis）在《卿卿如晤》（*A Grief Observed*）一书中描述妻子死于癌症后自己的感受时，第一句话就是："从来没有人告诉我，悲伤的感觉与恐惧如此相似。"事实上，焦虑最纯粹的形式存在于忧郁中，我们稍后将试着解释为什么会出现这种情况。

（接上页）域都产生了深远的影响。虽然罗伯特·伯顿在这本著作中对忧郁做了深入的探讨，但他并不是一位专业的医生。事实上，他是牛津大学的神职人员和学者，担任过不同领域的教职，包括神学、修辞学、希腊语和拉丁语等。虽然他在撰写《忧郁的解剖》时并没有受过正规的医学训练，但他广泛阅读了当时流行的医学文献和古代文学作品，对忧郁的原因和治疗提出了自己的独特见解。

弗洛伊德认为，哀悼和忧郁都是人类对丧失经历做出的反应，但他如何区分它们呢？哀悼是一项漫长而痛苦的工作，它让我们与失去的爱人分离。弗洛伊德写道："它的作用是将幸存者的记忆和希望从逝者身上分离出来。"那么，哀悼和悲伤是不同的。悲伤是我们对丧失的反应，而哀悼是我们处理这种悲伤的方式。与我们失去的人有关的每一段记忆和期望都必须被重新唤起，并遭受这样的判断：他们永远地离开了。这是一段困难和糟糕的时期，我们的思想总是回到我们失去的那人身边。我们想起了他们在我们生活中的存在，我们翻看回忆里一起度过的时光，我们想象着在街上看到他们，当电话铃响时，我们期待听到他们的声音。事实上，研究者们称至少有一半丧失所爱的人会对他们失去的爱人产生某种幻觉。在哀悼的过程中，逝者一直萦绕在我们的心头，但每一次当我们想起他们，我们情感中那些强烈的部分就会减少一分。

诸如逛商店、逛公园、看电影或去城市的某些地方，这些日常行为会突然变得异常痛苦。我们去的每一个地方——即使是最熟悉的地方——都会唤起我们与所爱之人在一起时的记忆。如果在超市购物或和伴侣在街上散步从来都不是什么特别的经历，那么现在这样做就会变得很痛苦。重要的不仅仅是与那些地方有关的快乐记忆的重现，还有我们知道再也不会在那里见到他们的事实。甚至新的经历也会变得痛苦难忍。看一场电影，欣赏一个展览，或者听一段音乐，都会让我们想要与失去的人分享。他们不在这里的事实让我们的日常现实显得极其贫瘠。我们周围的世界似乎有一片空白，一种空虚。它失去了魔力。

随着时间的推移，我们的依恋会减轻。弗洛伊德告诉他的一个病人，这个过程需要一到两年的时间。但这并不容易。他说，我们在面对任何引起痛苦的活动时都会退缩，因此"在我们的内心中对哀悼有一种反抗"。这一点很重要，但可能被忽视了。弗洛伊德认为哀悼并不是自然的。它不会自动发生，我们甚至可能在没有意识到这一点的情况下，尽最大的努力去抵抗它。然而，如果我们能跟随哀悼的过程，痛苦就会减少，悔恨和自责的感觉也会随之减轻。我们一点一点地意识到所爱之人已经离开了，我们对他们的依恋能量会逐渐变弱，直到有一天，依恋的能量可能会附着在另一个人身上。我们会意识到，生活仍然可以给予我们一些东西。

一位女性在很小的时候就失去了母亲，母亲曾经工作过的糖果店的形象一直清晰地萦绕在她的脑海中。店铺的摆设、颜色和气味，一切都如同多年前一样呈现在她眼前，据她说，现在这些形象甚至更为清晰。这些感觉由于母亲的去世变得更加强烈，仿佛被她的离开放大了似的。作为承载着逝去母亲的标记，它们的强度会有所增加。但是，在漫长又艰难的哀悼工作之后，她第一次梦到了糖果店，它的周围是其他的店铺。"这家糖果店，"她说，"只是众多商店中的一家。"哀悼消减了她对这个珍贵标记的依恋，糖果店也不再特别了。

弗洛伊德在这里指的不仅仅是哀悼。他使用了"哀悼的工作"这个短语，它与其在《梦的解析》（*Interpretation of Dreams*）一书中引入的概念相呼应："梦的工作"（the dream work）或"做梦的工作"（the work of dreaming）。梦的工作是将我们可能有的思想或愿望转变为显化而复杂的梦境。它由移置、扭曲和凝缩构成，与无意识本身的机制相同。弗洛伊德用同样的表达方式来谈论哀悼，或许是为了表明，重要的并不只是我们对逝去爱人的那些想法，还包括我们如何处理它们：它们被组织、安排、浏览和改变的方式。在这个过程中，我们对失去的人的记忆和希望必须以它们被登记①的各种不同的方式唤起，就像观察钻石时不能只通过一个角度，而是要从所有可能的角度去观察，这样才能看到它的每一面。用弗洛伊德的术语来说，丧失的对象（the lost object）必须在其所有不同的表象中被触及。

当弗洛伊德在这里谈论"丧失的对象"时，他不仅仅是指一个因死亡而失去的人。这个短语也可以指因为分离或疏远而带来的丧失。我们失去的那个人可能还在现实

① 登记（registration），又译为"登录"，该术语既可指主体在象征界的登录，也可指能指在主体记忆中的登记。

中，尽管我们与他们的关系性质将会改变。他们甚至可能和我们住在同一所房子里，或在同一个城市，很明显，丧失的意义取决于每个人的具体情况。丧亲之痛可能是一个最明显的例子，因为它标志着真实的、经验性的缺失，但是弗洛伊德想要让他的思想涵盖更广阔的范围。重要的是，我们生活中很重要的参照点被移除了，而它早已成为我们依恋的焦点。在哀悼中，这个参照点不仅被移除，而且其缺失被记录下来，不可磨灭地铭刻在了我们的精神生活中。

在弗洛伊德撰写《哀悼与忧郁》的同期，艺术界也有一些新的发展，人们很容易将这两者联系起来。那时，我们会在毕加索和布拉克（Georges Braque）的立体主义中看到个体的形象被重构成了多重视角的集合。人或物体的传统形象的不同角度和方面被组合与重构，从而产生了立体主义的形象。模型变成了一系列从不同视角看到的碎片，这一过程似乎体现了弗洛伊德的观点，即一个人通过我们对他的零散描述得以被哀悼。

艺术过程和哀悼工作之间的这种相似在立体主义之外的其他实践中也可以找到。例如，让我们想一想基里科（Giorgio de Chirico）和莫兰迪（Giorgio Morandi）截然不同的艺术。在基里科的作品中，我们看到同样的主题集合——喷泉、影子、地平线上的火车——一再重复，但形态不同。元素通常是相同的，但它们的排列会发生变化。创作这些画至少占据了他 50 年的时间，他有时每天都在创作。在莫兰迪的作品中，我们看到同一组瓶子和罐子不断地移动，以创造不同的形态。它们的构图甚至让人联想到全家福，就好像这些水壶和餐具代替了为拍照而精心安排的家庭成员。如同弗洛伊德所描述的哀悼的工作那样，一组表象被赋予了特殊的价值，被聚焦和重组。

对弗洛伊德而言，哀悼涉及重新组合排列的活动。我们会一次又一次地在不同的情境、不同的姿势、不同的心情、不同的地点和不同的语境中想起我们失去的爱人。正如作家兼精神病学家戈登·利文斯通（Gordon Livingstone）在他 6 岁的儿子死于白血病后所观察到的那样，"也许这就是永久的丧失：你从你能想到的每一个角度审视它，然后就像负重一样承受它"。如果哀悼工作的这一方面最终会耗尽自身，为什么莫兰迪或基里科在这么长的时间里一直在对相同的元素进行重新排列呢？在 19 世纪的艺术中，对同一形象进行多种变形是很常见的，它被理解为对完美的追求，但这并不仅仅是一种古老的艺术风尚。如果以哀悼类比，这是否意味着哀悼过程的中止或停滞？

当我们深陷其中时，往往会重复一些事情。爱伦·坡（Edgar Allan Poe）的母亲去世时，他还是个 3 岁的孩子，他和妹妹被单独留在房间里与遗体待了一整夜，直到一位恩人发现了他们。在爱伦·坡的作品中，他一次又一次地回到逝者茫然凝视的画面中，死亡的迫近无处不在。将活人当成死人埋葬，尸体没有保持死去的状态，临终的房间延伸到无限远，死尸腐烂，血液从尸体的嘴里渗出。在他去世之前，萦绕在这些故事中的一个可怕的女性幽灵，会以一系列恐怖的幻觉侵入他清醒时的生活。爱伦·坡在他的作品中努力从各种可能的角度来描述与死亡的相遇，这意味着哀悼的工作无法完成。他并没有让母亲安息，相反，她的存在变得愈发真实，尽管他试图通过写作将发生的恐怖事件转移到另一个具有象征意义的层面。

试图从几个不同的角度来表现一种体验是哀悼工作的重要组成部分，但我们将看到其他过程也是必要的。在讨论这个问题之前，我们有必要以当代艺术家苏珊·希勒（Susan Hiller）的作品为例，进一步探讨多重视角的概念。在她最近的《J街项目》①中，她展示了一份包含"犹太人"（Jew）一词的所有街道名称的可视化目录，这些街道名称在纳粹德国时期被移除，后来得到恢复。我们看到"犹太人街""犹太人胡同""犹太人花园"的图像，一个接着一个。一个带有"犹太人"字样的路牌，这难道不能让我们想起弗洛伊德对哀悼工作的描述么？哀悼工作不就是通过同一事物的不同表象而进行的零碎、连续的运动吗？

---

① 《J街项目》（*J-Street Project*），一部67分钟的电影，由一系列静态摄像头拍摄的德国街道标志组成，其中包含"Jude"一词（德语中"犹太人"的意思）。希勒在全国的大街小巷中共发现303个标志。

但希勒的作品与其说是关于哀悼，不如说是关于哀悼会出现的问题。如果我们把莫兰迪和基里科对相同元素的持续重组视为一种停滞不前的、受阻的哀悼，那么《J街项目》或许可以被理解为对这个障碍的一种注解。当我们迷失在一幅神秘而美丽的画作中时，想要以可能的方式围绕着这些标志（signs）创造故事，对我们来说变得越来越困难。没有深入探索一条街道，没有深入探索曾经住在那里的人，没有深入探索他们的生活、希望和梦想，有的只是一个简单的视觉列表。不是一个故事，而是一个序列。也许这反映了一个事实：这里存在一个哀悼的基本问题。每一次为大屠杀赋予一个叙事框架的尝试，都有可能把它变成一个关于英雄主义勇气的故事，或者是一个关于死亡和失败的故事。这是因为人类的叙述遵循一定的模式。故事总是千篇一律，正如20世纪早期的许多语言学家在整理不同文化中的神话、民间传说和小说的元素时所发现的那样。这正是单一故事不适合代表与大屠杀有关的所有事情的原因。

因此，如同《辛德勒的名单》（*Schindler's List*）这样的电影在主题方面处理得相当失败。当好莱坞电影的惯例被引入的那一刻，所有的特异性都消失了，善与恶的冲突的老套叙事占了上风。大屠杀就像其他灾难电影的情节一样，有着同样的转折和必然性。如果我们一致认为大屠杀不能被简化为一个故事，那么除了列出清单，我们还能说些什么呢？这正是我们在克劳德·朗茨曼（Claude Lanzann）的电影《浩劫》（Shoah）中所看到的。许多人批评说它只是一个接一个的系列采访。但是，正如苏珊·希勒的作品表明的那样，这难道不是唯一的选择吗？这与希勒早些时候的作品《诊所》（Clinic）形成了鲜明的对比。在《诊所》中，200个人虚构了关于死亡的故事。死亡就像一个不可表征的点，各种叙事围绕它展开。与之相反，《J街项目》那系列的、列表般的特质挫败了我们创造故事的欲望，我们可以在当代艺术中找到其他类似的例子。比如，我们可以想想迈克尔·兰迪（Michael Landy）发布的一份清单，上面列出了他在艺术作品《崩溃》（Breakdown）中销毁的数千件物品，他所有的个人物品都被他安装的一台用来毁掉他的生活的机器磨成了粉末。

《J街项目》中列出的标志产生了进一步的模糊性。它们被原样恢复了。除了善意的纪念，这里传达的信息实际上是相反的。这中间好像什么事也没有发生过。我们看到的不是空洞的标志或墙上曾经挂着标志的地方，而是现实，就好像从未有人触碰过它一样：仿佛大屠杀前的"犹太人街"和大屠杀后的"犹太人街"是同一条街。街上的标志与其遗忘的标志是一样的。我们在电影中看到的人物强化了这一点。他们漫步而过，一次也没有注意到那些标志。他们不管不顾地继续自己的生活。通过关注那些作为纪念物的东西，希勒制作了一部关于人们对过去视而不见的电影。这种哀悼的失败在系列的、零碎的图像呈现中得到了呼应。

因此，这些艺术家的作品表明，构成哀悼的不仅仅是对那些元素的罗列、重新排列或组合。必须有更多的东西产生。就其本身而言，罗列和重排的工作可能恰恰表明哀悼过程遇到了阻碍。当迈克尔·兰迪列出他在《崩溃》中失去的数千件物品时，我们难道不能猜出，实际上他只是在试图记录一件特定物品的丧失吗？

忧郁呢？它与哀悼有何区别？弗洛伊德认为，哀悼者或多或少知道自己失去了什么，但是对忧郁者来说，这并不总是显而易见的。丧失的本质并不一定为意识所知，它也可能包含来自他人的失望或轻视，就像失去亲人或是政治、宗教理想的破灭所造成的丧失一样。弗洛伊德说，如果说忧郁者确实知道自己失去了谁，那么他不知道的是自己在他们之中"失去了什么"。这个才华横溢的观点使悲伤的简单图景变得复杂起来。我们必须将我们所丧失的人和我们在他们之中丧失的东西区分开来。而且，正如我们将会看到的，区分这两者的困难可能会是阻碍哀悼过程的因素之一。

对弗洛伊德而言，忧郁的主要特征是自尊感的降低。尽管忧郁和哀悼有一些共同的特征，诸如"一种深刻而痛苦的沮丧、对外界丧失兴趣、失去爱的能力"以及活动的抑制，但它最显著特点是"自我评价降低，以至于通过自我谴责和自我辱骂来加以表达，这种情况发展到极致时甚至会对惩罚有一种妄想性的期待"。忧郁者把自己描述为"贫乏的、没有价值的和卑劣的，希望自己受到驱逐和惩罚"。忧郁意味着在丧失之后，个体的自我形象会发生深刻的改变。

忧郁者认为自己一文不值。而且他会直言不讳地坚持这一点。这些指责已经有助于划分临床图景。许多抑郁的人也会觉得自己毫无价值，但忧郁症患者的不同之处在于，他可以表达这一点，而不会像其他人那样沉默寡言。类似地，许多神经症患者会将他们的无价值感或无用感与身体形象联系起来：他们的身体就是不对劲，他们的鼻子或头发全是错的。但是忧郁症患者有着更深层次的抱怨。对他来说，不只是自己的存在的那些表面特征是无价值的或错误的，他的存在的核心更是如此。一个神经症患者可能会因为某个邪恶的想法或冲动感到不安，而忧郁症患者会谴责自己是一个邪恶的人。这是关乎他的实际存在的本体论式的抱怨。神经症患者可能会觉得自己不如别人、能力不足，而忧郁症患者则会指责自己没有价值，就好像他的生命本身就是一种罪恶或犯罪。他不只是感觉自己能力不足：他知道自己能力不足。这里是一种确定性，而非怀疑。

忧郁症患者会无休止地严厉责备自己的过错。再多的合理建议或劝说都无法阻止他们。他们深信自己是错的。

与抱怨外部世界的偏执狂相比，忧郁症患者只责怪自己。弗洛伊德将这种自我谴责的主题作为忧郁的一个定义性特征，从而将其与多数抑郁感觉区分开来。在历史上，先天的和后天的忧郁的区别常常不清楚：忧郁在多大程度上是人类存在的一部分，在多大程度上是一种需要治疗的疾病？一个人怎样才能区分忧郁的绝望和由"真正的"罪恶感所引起的绝望？

忧郁者需要痛斥自己，这让弗洛伊德感到困惑。为什么要坚持自我谴责呢？是否可能忧郁者在忙着责备自己的时候，其实是在责备别人？1659 年，作家塞缪尔·巴特勒（Samuel Butler）在其作品《人物》（Characters）中写道："忧郁的人结交世上最坏的人，即他自己。"弗洛伊德的论点完全与之相反：忧郁者所结交的正是他的对象。他把责备别人的矛头转向了自己。

这些大声的自责实际上指向另一个已经被内化的人。忧郁者完全认同他失去的那个人。这并不总是意味着发生了真正的分离或丧亲之痛。失去的可能是所爱的人，或者曾经爱过的人，甚至本应该爱的人。然而丧失一旦发生，他们的形象就被转移到忧郁者的自我中。对失去之人的愤怒和憎恨同样被转移，因此自我现在被当作被放弃的对象而受到评判。用弗洛伊德的名言来说，"对象的阴影"已经落在了自我身上，忧郁的主体现在遭受了如此奇怪的无情批判。长矛变成了回旋镖。

让我们来举例对比一下神经症的自我责备和忧郁症的自我责备。一个女人表现出两种症状：一种是在某些社交场合出现的麻痹性缄默症①；另一种是弥漫性的疑病症②，这让她不断地去寻找医生看病。虽然她没有把这两种现象关联起来，但它们之间肯定存在某种联系。缄默症为她表达了"我无话可说"的命题，而疑病的焦虑则表现为"我内在有某种东西"的信念。无尽的自责使她精疲力竭，她总是说自己"有些问题"或自己"是不对的"，这些话语与童年和青少年时期父亲对她不断的谩骂相呼应。这些责备如今表现为她所呈现的症状。

虽然"我无话可说"和"我内在有某种东西"这两个命题似乎是她痛苦光谱中对立的两极，但她的白日梦却揭示了它们之间的一种特殊的相近性。频繁地去看医生，有时会导致她要做一些小手术。她会想象医生将如何从她的身体里取出某个东西，用她的话说，"没有在我体内留下

---

① 麻痹性缄默症（paralysing mutism），指患者由于严重的心理创伤或精神疾病等原因，出现完全无法说话或发声的状态，同时还伴随着身体的瘫痪或运动功能障碍。这种情况常常被归类为心因性发声障碍，也称为紧张性发声障碍。

② 疑病症（hypochondria），一种心理障碍，表现为长期、过分和不合理地担心自己患有严重疾病的思想、感觉和行为。患者通常会对自己的身体健康状况过分关注，并将身体上的常见感觉（如头痛、胃痛、乏力等）解读为严重疾病的症状，即使医生的检查结果证明没有任何身体问题，他们仍然坚信自己患有疾病。这种担心会导致严重的焦虑、恐惧和抑郁情绪，并严重干扰日常生活和社交功能。弥漫性的（pervasive）在此指的是担忧不集中于身体某个部位，而是弥散的、遍布全身的。

任何东西"。然后白日梦会这样继续下去：回到丈夫身边，失去了某些东西的自己仍会被他所爱吗？这些场景唤起了她童年时对某个肢体残缺的虚构人物的迷恋。她的症状提出了一个问题："内在一无所有的我还能被爱吗?"值得注意的是，在她的首次怀孕因流产而结束后的几个月里，疑病症就已经出现了。

我们可以看到，有时看似关乎存在的自我责备，是如何系统地与身体的表现联系在一起的。这与忧郁症的临床图景形成了鲜明的对比，在忧郁症的临床表现中，身体器官的问题并没有在同样的因果意义上运作。N 女士是法国精神病学家于勒·塞格拉斯（Jules Séglas）的病人，她说自己没有胃和肾，但这不是她痛苦的原因。她认为自己是世界上所有罪恶的根源，她的孩子死于脑膜炎也是因为自己。我们可以将上一个病人的问题与 N 女士的结论进行比较：前者会问"内在一无所有的我还能被爱吗"；后者则说"我的内在一无所有，因为我不曾去爱"。

神经症的症状是提出问题的方式。在我们的例子中，自我责备隐藏了一个关于爱的问题。相反，在忧郁症中，自我责备与其说是一种提出问题的方式，不如说是一种解决办法。主体是有罪的。他们被定了罪。在这里有一种确定性，他们是最坏的、最不可爱的、最大的罪人。这种对个体的超常地位的强调（最……的，最大的……，最坏的……），使得卡尔·亚伯拉罕告诫人们不要混淆对忧郁症和偏执狂的诊断。成为最坏的人，这难道不会是自大狂（megalomania）的一种形式吗？

对弗洛伊德来说，忧郁的自我责备实际上是对失去的爱人的责备。但首先为什么要责备呢？难道死去和离开的人只值得我们同情吗？愤怒的原因可能很简单：当一个人消失时，我们因他们的离去而心怀怨恨。在许多文化中，葬礼上的歌谣常常痛斥逝者抛弃了生者。这种愤怒在丧失所爱者的精神生活中无处不在。他们可能会发现，当对逝者的柔情与愤怒交织在一起时，他们很难对丧失进行哀悼。空缺永远无法被毫无怨恨地接受。一名男子在哀悼自己的爱人时描述了一个可怕的梦，他梦见了开裂的墓碑，仿佛它"被复仇的行动打碎了"。理解这一点很困难，因为他没有意识到自己的愤怒，但后来的梦显示出这愤怒是多么地真实。他不能原谅逝者的离去。这个梦堪称典型，因为它表明，如果愤怒持续地摧毁纪念碑，要为逝者将此碑建立起来是多么地困难。

为爱人扫墓也呈现出同样的困境。每次出发去墓地，他都会发现自己走错了地方：他会下错地铁站，或者迷失在墓地周围迷宫般的街道中。这些不幸的遭遇使他陷入了彻底的绝望，直到他突然意识到这是在上演对逝者的责难。发现自己在一个陌生的地方孤独无助时，他说，这就像自己在责备逝者："看看你对我做了什么，你让我迷路了！我被我的向导抛弃了。"这种迷路的循环是一种隐藏的愤怒，他说："我被抛下了，我感到不知所措，我很害怕……我认为他要为此负责。"

这是精神分析最重要的发现之一：我们可以在没有意识到愤怒的情况下感受到它。它甚至可以在我们完全没有意识到的时候出现。几项关于睡眠中的行为研究已经表明，暴力行为何以被施加在同床共枕的人身上，而施暴者醒来时却完全不记得此事。睡眠医学专家称，从严重的殴打到掌掴和拳击，这类暴力行为困扰着大约2%的人口，但考虑到报告此类行为的明显阻碍，这一数字无疑更高。睡眠医学的研究人员从脑化学中寻找解释，精神分析学家们则提出了无意识敌意的假设，我们在清醒的生活中会尽量忽视这一敌意，而它也会利用夜晚的时间为自己开脱。

爱与恨在我们的情感生活中如此紧密地联系在一起，在精神分析学被发明一百多年后的今天，这一事实仍然难以被大多数人接受。几年前，我在一家报纸上就此观点写了一篇专栏文章。一位编辑打电话给我，困惑地问："一个人怎么可能对另一个人同时有正面和负面的感受呢？"毫无疑问，这种困难是我们不想去思考它的原因之一。例如，关于许多文化的葬礼中存在的奇怪的矛盾情感，人类学家曾进行过激烈的争论。逝者会受到尊敬，但也会被视为危险的敌人。这种张力被合理化为对生者的正面情感和对遗体的负面情感之间的冲突，或是生者的世界和逝者的世界之间的冲突。然而弗洛伊德指出，生者之间的关系本身就是矛盾的。正如他在《图腾与禁忌》（*Totem and Taboo*）一书中所写的那样："几乎在所有的情况下，当我们对某个人有强烈的情感依恋时，我们会发现在温情爱意的背后隐藏着无意识的敌意。"

弗洛伊德认为这种敌意源于失望和挫折，这是我们早期与照料者的关系中不可避免的一部分。对爱的要求得不到满足，期望得不到回应，性和浪漫的愿望受到挫败。在更古老的层面上，弗洛伊德认为，我们与照料者的原初关系总是包含着恨意的成分，这是我们对外界事物的一种自然反应。我们无法控制外部世界，父母对我们行使着一种可怕的权力。不管他们多么爱我们，我们在生命之初仍然或多或少受他们的支配。恨意是朝向那些对我们有这种权力的人的一种基本反应。

接受这些对所爱之人的无意识敌意的困难，曾经被认为是抑郁最常见的原因。无法清晰地表达愤怒，我们就会变得沉默和疲惫。我们的能量会被消耗，因为我们抑制了自己的愤怒，并且有时会把这种愤怒转向自身。这些曾经流行的观点在今天通常都被摒弃了，因为人们观察到，当抑郁的人被问及是否生气时，他们通常会说"不"。因此，愤怒不可能是抑郁的原因。这种过于简单的批评完全忽略了一点：愤怒不被意识所接受，只有经过详细而漫长的分析探索，它的痕迹才能显现出来。

虽然很少有分析师会接受这是消沉和沮丧的普遍性原因，但被屏蔽的愤怒必定是许多人精疲力竭和对生活失去兴趣的缘由。［愤怒］和精疲力竭的关系可以被一个事实证明：婴儿经常会尖叫和哭泣，然后突然之间，从这一刻到下一刻，陷入最深沉的睡眠。我们经常会说，婴儿哭着睡着了，但有时这种入睡可能是对挫折或失望的痛苦的一种防御。在与年幼的孩子一起工作时，我曾观察过几次，当困难的材料将要浮出水面的时候，他们是如何在会谈中开始入睡的。他们会立刻忘记我问了什么问题，或者我们正在讨论什么主题。

如果我们对所爱之人的敌意可以被如此有力地抵御，那么在某些情况下，敌意就可以存在于意识中，发挥特定的功能。一位女士在谈到那个离开自己的男人时说："如果有人离开了你，那比他们死了还糟糕。你知道他们还活着。这让人无法忍受。"她说，阻止自己自杀的唯一原因是对这个男人的憎恨："我正要动手，但我的仇恨让我活了下来。"她解释道，忘记他、"哀悼他"的唯一办法就是诋毁他，让他变得一文不值，杀了他。这种对仇恨的使用有着非常明确的作用，它唤起了她童年时期的一条主线。她生长在一个暴力的、冲突不断的家庭，父亲酗酒，母亲好斗且严苛，她感到自己对父亲连续不断的憎恨是唯一能够阻止自己发疯的东西：这种恨给了她一个指南针，为她指明了人生的方向。她说，通过把恨意集中在他的身上，她保持了理智。

恨也许能扮演一个焦点的角色，当其他一切都显得不稳定且容易崩溃时，它是一个具有一致性的点。但无论是有意识的还是无意识的，恨也会使哀悼过程变得非常复杂。丧失和丧亲之痛并不总是能让我们压抑的情感得到宣泄，而且一般来说，我们很难容忍对逝者的敌意。向生者表达愤怒要容易得多，就像我们看到的那样，当伴侣去世后，一段暴风骤雨般的关系会突然变得理想化。所有的摩擦和动荡似乎都被神奇地抹去了，只留下一个圣洁的形象代替死去的伴侣。在探索丧亲之人的生活时，我们经常会发现一种障碍：他们会对同事、朋友或爱人生气，却不会有意识地将这种移置与他们的丧失联系起来。殡仪员、医生或医院的工作人员也可能被当作目标，我们一次又一次地看到，在遭受了重大丧失之后，那个人的圈子里便出现了一个"敌人"。愤怒被转移到了其他人身上。

从作家琼·狄迪恩（Joan Didion）在其丈夫约翰·格雷戈里·邓恩（John Gregory Dunne）死后所做的一个梦中，我们可以清楚地看到这个过程。她和丈夫准备飞往檀香山，在圣莫尼卡机场与许多人会合。派拉蒙电影公司已经为他们安排好了飞机，制片助理正在分发登机牌。她上了飞机，却感到困惑。机舱里没有约翰的踪迹。她担心他的登机牌有问题，于是决定离开飞机在车里等他。在等待的时候，她意识到飞机正在一架接一架地起飞。最后，她独自站在停机坪上。她在梦中的第一反应是愤怒：约翰已经独自登上了飞机。但她的愤怒很快被第二个想法转移了：派拉蒙公司对他们不够关心，没有把他们一起送上飞机。

在这个梦的结尾，情感的分割很好地显示了将对死亡的愤怒指向一个已经离去的人是多么不容易。它寻找另一个出口、另一个目标来取代自身。我们把愤怒从我们所爱的人身上转移开来。在一位男士哀悼他深爱之人的死亡的梦中，我们可以找到这个过程的另一个例证。他反复梦见自己正在怒气冲冲地捶打一个皮袋。尽管他在梦中持续地击打它，但他也意识到这个物体"不是真正的目标"。这种在梦境中发生的领悟，能够使他更清楚地将自己的愤怒与逝者联系起来。

狄迪恩的梦还暗示了一些别的东西。当梦者的责备从她的丈夫转移到派拉蒙公司时，我们难道没有看到责怪相比于丈夫更为重要或庞大之物的必要性吗？有些人可能会以同样的方式谴责宿命（fate）或命运（destiny），这难道不是对象征*宇宙本身——在此由一个电影公司所代

---

* ［原注］在这里与下文中，象征（symbolic）一词在它的分析意义上被使用：它指的是强加在我们身上的语言、表象和法律的秩序，而不是象征主义（symbolism）本身。

表——的谴责吗？派拉蒙公司作为代理负责一切、安排一切、掌控一切：分析师称之为"大他者"。丈夫的离开不仅仅是他们两人之间的事情，还涉及这个象征机构本身。

丧失和分离的情形通常涉及对这个神秘的更高力量的诉求。美国分析师玛莎·沃尔芬斯坦（Martha Wolfenstein）注意到，和她工作的一些孩子会与命运达成约定。在一个案例中，女孩的父亲在她八岁时心脏病发作。她随后发展出了强迫性仪式，远离任何可能出现在脑海中的不良想法或言辞。对她来说，做个乖巧善良的孩子意味着什么坏事也不会发生。六年后，她的父亲去世了，就好像命运没有遵守约定一样，于是她自己也从这个约定中解脱了。她变得淫乱，放弃了先前在学校的勤奋。

我们总是会对父母中健在的一方产生恨意，这尤其明显地表现出了我们的情感的移置。一位女士在父亲死后，心中全是对母亲的愤怒，很少有其他想法。这种愤怒让她感到困惑，因为她原以为和母亲的关系很好。她说，除了对母亲"逃离死亡"而父亲却无法逃离的愤怒以外，她对母亲还有一种恨意，因为母亲对自己之于父亲的爱负有"某种责任"。在另一个案例中，一种类似的恨意在父亲死后被发泄到母亲的身上，病人认为这与父亲对母亲的恨意有关：她只是继承了他的攻击性激情，认同了他的立场。我们由此可以猜测，在某种程度上，放弃仇恨意味着放弃父亲。

我们也可以发现，在许多情形中，失去亲人时所释放的愤怒与家庭星座①的变化有关。一位约五十五岁的妇女在弟弟死后，被自己突然感到的一阵暴怒吓坏了。她的父亲在母亲第二次怀孕期间离开了，姐弟俩由母亲抚养长大，弟弟成为母亲一切理想化的对象：他是最漂亮的、最聪明的、最成功的。她从未质疑过弟弟的这种光辉形象，在她的分析中，这种形象的作用变得更加清晰。她在童年时期面对着母亲长久的痛苦，还被迫看着她招待一连串不知名的男人，在这种情形下，弟弟的形象占据了特权地位。实际上，弟弟的形象是她和母亲之间的一道屏障。就像我们前面所讨论的那个病人描述的恨意一样，它在一个不稳定的、危险的宇宙中起着锚点的作用。

一旦弟弟的形象不复存在，她和母亲之间的那道屏障就消失了。这样一来她就面对着一个问题：对母亲来说，她是什么？而她自身存在中偶然性的、受威胁的那个部分也将痛苦地显现出来。她的情感在对弟弟的愤怒和对母亲的极度恐惧与痛苦之间摇摆不定。她说，虽然对弟弟死亡的愤怒令自己很不舒服，但奇怪的是，这种愤怒比痛苦的

---

① 家庭星座（family constellations），心理学家阿德勒（Alfred Adler）提出的概念，他将家庭中的所有成员构成的家庭结构比作银河系的星座，每个家庭都是一个独特的星座，其中每个成员都是一个星体，彼此之间有着特定的相对关系，呈现不同的排列位置。一般来说，多子女家庭中每个孩子的出生顺序会影响这些星体在星座中的初始位置，但实际情况是，父母的欲望、手足的竞争和死亡等因素，会让星体在星座中的位置排列变得复杂多变。

感觉更为基础。那些因为亲人离去而被留下与别人（经常是父母一方）生活在一起的人通常会有这类感受。当父母中的一方去世时，没有屏障能够将孩子与父母中的另一方分离开来，对此的一种可能的反应即是屏障被移除的愤怒。不仅是对那个人的离开的愤怒，还有对他把我们留给别人的愤怒。

在哀悼和忧郁中，我们对逝者的这种愤怒可能是毁灭性的。它会妨碍哀悼的工作，让我们面对自己对失去之人的根本的矛盾情感。这些复杂的感受令人感到内疚，因此我们可能会发现，我们会为自己本可以或本应该做的事情自责：我们本应该更经常地打电话或拜访，更和蔼可亲，在某些情况下提供更多的帮助，等等。弗洛伊德认为，相比于对失去的爱人的积极情感的强度，这种矛盾情感的强度才是哀悼的决定因素。我们越是努力地压抑这些先前就已存在于我们与失去之人的关系中的矛盾情感，它们就越是会干扰哀悼的工作。一些后弗洛伊德学派的学者甚至认为，只有当哀悼者能够承认他们为所爱之人的死亡感到高兴时，哀悼才算真正结束。

虽然弗洛伊德并未持有如此极端的观点，但他关于阻碍哀悼之物的观点也非常激进。他认为，决定性的因素毕竟不是我们对失去之人的依恋程度。重要的不是爱，而是爱与恨的混合。我们在哀悼时会有困难，原因并不是如常识所说的那样，我们太爱那个人，而是因为我们的恨是如此强烈。也许正是这种将爱与恨分离开来的努力使哀悼者丧失了能力，让他们陷入痛苦和毁灭的边缘，这可能会表现为精疲力竭或恐慌。

在精神分析师海伦·多伊奇（Helene Deutsch）描述的一个案例中，一位接受分析的男士遭受着各种无法解释的身体症状和强迫性哭泣的折磨，它们的产生似乎没有任何诱因。几年前，他的母亲去世了，听到这个消息后，他立刻动身去参加葬礼，却没有感受到任何情绪。他试图回忆起关于她的珍贵记忆，但即使如此，他也感受不到自己所希望的痛苦。他开始埋怨自己没有哀悼母亲，他常常想起她，希望自己能哭一场。

分析揭示出他从小就对母亲怀有强烈的恨，这种恨意在后来的生活中复活了。她的死引起了"她离开了我"的反应，随之而来的是愤怒。由于敌意冲动的干扰，他没有悲伤的感觉，有的只是冷淡和漠然。他的内疚产生了身体上的症状，多伊奇认为，通过这些症状，他年复一年地认同她的疾病。他的情感随后表现为强迫性的哭泣，却与母亲去世的想法相隔离，正是由于强烈的矛盾情感，二者才割裂开来。

这种无意识的冲突为许多表面上毫无动机的抑郁提供了线索，这些抑郁实际上是那些情绪反应的表达，它们曾被压抑，并一直潜伏至今。它们可能曾出现在丧失发生的那周的同一天或一年中的同一时间，但这种联系不是有意识的。我们所经历的只是悲伤和空虚感。请注意，这与忧郁症的临床图景是不同的，在忧郁症那里，所有的责备都集中在自己身上。在忧郁症中，这种憎恨会摧毁人的自我，自我现在等同于被憎恨的、不可原谅的爱的对象。自己被无情地对待。

多伊奇的病人的身体症状是对他母亲疾病症状的模仿，这种认同某种程度上存在于所有的哀悼过程中。在忧郁症中，它无处不在，因为自我在对失去的所爱之人的认同中被完全吞噬了。但在一般意义上，我们也总是认同那些我们失去的人。一个五岁的小男孩在父亲去世后经常坐在房间角落的一个手提箱里，一动不动。当一个朋友问他的母亲他在做什么时，她回答说，他只是坐在箱子里。然而，正如他多年后清楚看到的那样，他为自己打造了一具私人棺材，一个封闭的空间，他在那里可以实现对敬爱的父亲的认同，他最后一次见到的父亲，正是躺在棺材里。

在描述母亲的葬礼时，一位女士说，当在地上挖掘坟墓的坑洞时，铁锹的每一击都像是击打在她的胸口深处。她觉得自己好像和棺材一起被放进了地下。女演员比利·怀特洛（Billie Whitelaw）写道，当她的儿子濒临死亡时，她随身带着药片，这样她就可以随他一同死去。这些都是以顺势疗法①对待逝者的例子：我们居住在他们的空间，模仿他们的行为和习惯，甚至他们看待世界的方式。

在精神分析的早期，约瑟夫·布洛伊尔（Josef Breuer）在他的病人安娜·欧（Anna O）身上观察到一个奇怪的现象。一天，安娜告诉他，她的眼睛有问题：她知道自己穿的是棕色的裙子，但她看到的却是蓝色。然而，当用视觉测试表检查时，她能正确分辨出所有的颜色。事实证明，关键的细节在于裙子的材质。在一年前的同一时期，她曾为病重的父亲做过一件晨衣。这件晨衣用的是与她现在穿的裙子相同的布料，不过当时用的料子是蓝色，而非棕色。因此，她的视觉障碍既是一种被封锁的记忆，也是一种对她父亲的认同；作为一个穿着蓝色衣服的人，她实际上已经代替了他的位置。

这种认同可以采取多种形式。在一个案例中，一位女士发现自己总是要用毛巾把已经擦干的盘子再擦一次，这与她已故的父亲在抑郁期间没完没了地擦鞋的习惯如出一辙。它们也可以采取更积极的形式。一个女人在丈夫去世不久后哀悼他，她注意到在遇到问题时，"我会刻意用丈

① 顺势疗法（homeopathy），18世纪，德国医生塞缪尔·哈内曼（Samuel Hahnemann）创立了顺势疗法，又称同类疗法。当时放血、水蛭、砒霜和泻药等治疗方法盛行，哈内曼想要找到一种温和自然的治疗方法。他发现健康的人在服用治疗症疾的药物之后出现了发热、脉搏加快、四肢发冷等与症疾病人相同的症状，他认为这些药之所以能起到治疗效果，是因为它们能够产生同样的症状"以毒攻毒"，随后顺势疗法就诞生了。

夫在世时可能会采取的方式来看待它。我很惊讶我能以一种以前从未有过的方式诚实地面对和处理它"。在另一个案例中，女人在丈夫去世后接管了他的生意，这成为她生活的主要追求。她把它变成一个更成功的企业，她不仅模仿了丈夫的兴趣，还模仿了他处理商业事务的方式和方法。

如果以上列举的是我们在哀悼中发现的认同的例子，那么在忧郁中则会有一些不同的事情发生。正如精神分析师伊迪丝·雅各布森（Edith Jacobson）所指出的那样，忧郁者不会接替丈夫的理想和追求，而是会无休止地指责自己没有能力经营他的生意，或是指责自己毁了丈夫，她意识不到这些自责在无意识中指向的并不是自己，而是他。在亚伯拉罕的一个案例中，一位女士没完没了地指责自己是一个小偷，而事实上是她已故的父亲曾因盗窃罪入狱。这种认同具有持续的控诉性质。

正如我们所看到的那样，忧郁症的这种认同具有一个普遍的特征。在一个案例中，患有忧郁症的男士想象着自己死去的兄弟姐妹生前在伦敦曾去过的地方，他会花费时间去往自己所想到的每一个地方。就好像他完全认同了逝者，只会从逝者的位置看世界。这让人想起了列宁所描述的经历。在他的哥哥亚历山大被处死之后，列宁尽其所能地去了解亚历山大在圣彼得堡的生活，他搜集资料并阅读亚历山大读过的所有东西，仿佛是通过后者的眼睛来做这一切。列宁早些年阅读过尼古拉·车尔尼雪夫斯基（Nikolai Chernyshevski）的乌托邦小说《怎么办?》（*What is to be Done?*），当时这本书对他影响甚微，然而当现在重读这本对亚历山大影响甚深的书时，它却对他产生了强烈的冲击。这将对他的生活产生深远的影响，就好像他的政治生涯在某种程度上是围绕着对死去哥哥的认同而形成的。

最近的一个例子是乔治·斯鲁依泽（George Sluizer）导演的荷兰电影《神秘失踪》（*The Vanishing*），它讲述了一个男人寻找被绑架的妻子的故事。一天，当他们停车在一个高速公路服务站休息时，她失踪了。绑架者看着他努力地寻找妻子，并在电影的最后给了他一个了解她的命运的机会。他不顾一切地想知道，于是任由自己被下药，从而最终解开了她身上的谜团。醒来时，他发现自己被活埋了。他想要重新找到她的热情掩盖了对她的深刻认同：解开谜团实际上是他想要与她在一起的托词。他真正地把自己放在了失去的对象的位置上，这造成了致命的后果。

同样，在电影《驿动的心》（*Random Hearts*）中，哈里森·福特（Harrison Ford）和克里斯汀·斯科特·托马斯（Kristin Scott Thomas）分别扮演一位男士和一位女士，他们的配偶都在一次空难中丧生了。随着故事逐渐展开，原来他们的配偶一直在一起旅行：他们去迈阿密不是为了出差，而是为了继续他们长久以来的婚外情。福特开始沉迷于找出这段关系的一切：他们去了哪里，他们做了什么，他们住在哪个酒店房间，等等。随着病态的探索行为日益加重，他越来越多地将斯科特·托马斯卷入其中，几乎是逼迫她参与自己的沉迷。当他们来到他们的配偶曾经度过浪漫之旅的地方时，他们俩也成了情人，就好像他们占据了逝者的地方。在成为情人之前，他们俩在俱乐部偶然被拍的一张合照被登上了报纸，然而不久之后，这个"谎言"就变成了事实。就好像有一种超越他们的结构，以强大的力量将他们推到了逝者的位置上。他们最终代替了那对逝去的恋人。

这种无意识的认同比我们想象的要普遍得多。我们经常听说有人在爱人死后不久也离开了人世，尤其是在结婚几十年后：我们可能会想到歌手约翰尼·卡什（Johnny Cash）或政治家詹姆斯·卡拉汉（James Callaghan），他们俩都是在深爱的妻子死后不久过世的。在死亡证明上，悲伤不再像以前那样被作为死亡原因之一，但是毫无疑问，在许多情况下，在世的伴侣确实希望和他们逝去的爱人在一起。在某些情况下，它会呈现为一种有意识的愿望，但通常来说，它是无意识力量的结果。就像《驿动的心》的剧情所展现的那样，有一种更高层级的力量，某种推力或命运，将角色推向对逝者的认同。

我们还经常了解到，有些人认为他们注定要重复已故父母或家庭成员的生活史，这可能是因为他们感到自己对逝者的死亡负有责任。精神分析师乔治·波洛克（George

Pollock）认为，人们常会因为年幼时父母或兄弟姐妹的死亡而产生一种命运感。他们感到自己对父母或兄弟姐妹的疾病与死亡负有责任，因此觉得自己注定要遭受同样的命运。梵·高（Vincent Willem van Gogh）的经历表明了这一点。他的姓名与在他出生前就已夭折的哥哥的姓名相同。他经常路过哥哥的墓碑，而且他们在教区名册上登记的序号是一样的：29。后来他在7月29日自杀了。

另一个例子是精神分析师玛丽·波拿巴（Marie Bonaparte），她是希腊公主，第一代弗洛伊德派，也碰巧成了年幼的菲利普亲王临时的照料者。在玛丽一个月大的时候，22岁的母亲便死于肺结核。有人告诉她，她的出生使母亲付出了生命的代价。由于和母亲有着同样的名字，玛丽相信自己也会有同样的命运。她开始出现类似肺结核的症状：食欲不振、体重下降、频繁感染呼吸道疾病、喉咙里有带血的黏液。

忽视这些认同可能是灾难性的。它可以让人对自杀的危险视而不见，或逐渐放弃生的意愿。它还可能掩盖病人症状的真正意义，这些症状可能是在模仿失去的亲人的症状。然而可悲的是，医学和心理学仍然危险地忽视了这些如此常见的现象。医学不想了解任何关于死亡的愿望。心理学试图回避弗洛伊德所说的对丧失对象的认同。然而，一个接一个的例子表明，这是人类对丧失的一种基本反应。我们要么从失去的那个人身上拿取一些特征——这些个别的特征仍然是我们的一部分——要么就像忧郁症的情况一样，我们拿走一切。正如美国分析师伯特伦·卢因（Bertram Lewin）所说，忧郁症患者以塑造雕像（effigy）的方式惩罚失去的爱人，然而成为雕像的正是他们自己。

奇怪的是，弗洛伊德所描述的忧郁性认同的过程，后来被用来描述人类自我的实际构造。他写道，自我是由所有我们被抛弃的关系残留的痕迹构成的。每一段破裂的关系都会在我们身上留下印记，而我们的身份认同（identity）就是这些残余物日积月累形成的结果。与其说"你是你所吃"（You are what you eat），不如说"你是你所爱"（You are what you have loved）。这标志着早期理论的真正转折。当忧郁的严重病理状态似乎已经得到解释时，同样的理论也被用来描述我们的身份认同最基本的特征。自我的建立真的是一个忧郁式的过程吗？两者是否在机制上有细微的差别？

从被抛弃的关系中建立自我的想法听起来确实正确。当我们与爱人分手或对这段关系感到失望时，我们通常会继承他们的一些特征：语调、对某些食物的品味，甚至是走路的方式。就好像我们一直被困在他们的形象里。这一过程在约翰·卡朋特（John Carpenter）的电影《怪形》（*The Thing*）中得到了生动的体现。在一个偏远的北极科考站，一个外星生物开始袭击科考队的成员。在追求殖民目标的过程中，它不仅控制了人类，还控制了狗和蜘蛛，并把他们的身体结合起来变成了可怕的杂交物。在影片的最后，当外星人最终被毁灭时，我们看到它之前吃进去的人和动物在那一刻冲破了腐烂的躯体，显露出已经扭曲的形象：在外星人垂死挣扎的痛苦中，科考队的几个成员、狗和蜘蛛呈现在我们眼前。这种可怕的蜕变形象给出了人类自我的模型，它由所有我们认同的人、所有我们已经成为的人建构而成。

但为什么我们应该把这个过程视为忧郁的特征，而不是哀悼的特征呢？首先，就弗洛伊德视为忧郁核心的自责而言，两者一定有所不同。自我认同的建构并不一定涉及对我们自身的攻击。我们也可以认为，自我或许并不是简单地通过丧失的经验即可建立起来，而是由丧失的登记所建构的。这里的关键特征是丧失已经被加工和表征。毕竟，丧失总是需要某种确认，需要某种它被见证并变得真实的感觉。正因如此，人们才会付出如此多的努力来纪念和标记过去的创伤性事件：从第一次世界大战的恐怖到发生在像南非这样的国家中的不公正和暴力。毕竟，真相与和解委员会（TRC）与其说是为了惩罚犯罪者，不如说是为了确认和记录他们的罪行。也许，分离只有在被登记的时候才会成为丧失。

我们在此举个例子。一对年轻人坠入爱河并订婚了。男子去看望他的家人，告诉他们订婚的好消息。当他回来的时候，却得知未婚妻在一场悲惨的事故中丧生。然而，当他希望能够向朋友和家人倾诉自己的悲痛时，他意识到他们从来没有真正见过他失去的爱人。他只是最近才向他们提起她，因此他面临的问题是，自己在哀悼一个对他周围的人而言并不存在的人。其他人都不认识她。我们在这里看到了一个非常特殊的情况。一场悲剧发生了，但他感到要对这件事予以登记非常困难。后来当他去见未婚妻的父母时，也处于一种奇怪的境地，他是她的未婚夫，但他们既没见过也没听说过他。

在另一个案例中，一名女子与一名男子秘密维持了多年的关系。他们彼此非常亲密，然而由于各自都已结婚，他们没有把这段婚外情告诉任何人。正如他们经常向对方强调的那样，保密至关重要。当这名男子退出这段关系时，哀悼似乎是不可能的。如果这段关系在某种意义上对她周围的人而言并不存在，她如何能够说出发生的事情呢？在这种情况下，以及在我们上面提到的情况下，真正的问题是第三方的缺席。我们突然意识到这样一个事实：我们不仅需要他人来分享我们的感受，更需要他人来证实我们自己的经历，让我们确信自己真的经历过这些。

集中营的幸存者们报告过一个共同的噩梦：他们回到家后发现没有人注意到他们，也没有人相信发生在他们身上的事情。不仅仅是集中营的恐怖会再次折磨他们，还有一种极度痛苦的感觉，即没有人能够证实他们的经历。如果没有某种形式的第三方，我们就没有锚点，无法相信我们所经历的事情是真实的。虽然哈姆雷特非常清楚他的叔叔犯了谋杀罪，但他必须等到［父亲的］鬼魂出现后才对叔叔判处死刑，这难道是偶然的吗？

在这种三角关系中，我们需要第三方的在场来确认我们对他人的感受，而这种关系被日间电视节目无情地利用了。无数的访谈节目邀请嘉宾向他们所爱的人或在某些情况下希望与之分离的人表达自己的感情：人们开始或结束一段婚姻，与父母对抗或与他们和解，忏悔罪恶或发誓忠诚。至关重要的是，所有的这些表演行为都发生在舞台上、在观众面前，在这些行为中，言语被用来做一些事情，比如咒骂或忏悔。这些节目所依赖的原则是，言词最终需要得到它们的直接收件人以外的某个人的认可①，就像婚礼或葬礼的仪式需要牧师或某种协调者的象征性在场一样。在许多情况下，经历丧失的人会寻求第三方——也许是分析师或治疗师——来执行这种见证功能。

在哀悼的过程中，这种认可常常出现在梦境中。在一些梦中，哀悼者会与逝者互动，而在另一些梦中，哀悼者会向其他人谈论逝者，这两类梦境有很大的区别。一个女人在母亲死后不久陷入了痛苦而持久的悲伤，她梦见自己在向一个不知名的第三方诉说母亲去世的消息。虽然她无

① 认可（sanction），尤指官方的、规则的、法律的认可或许可。

法描述这个倾听的身影的任何细节，但这个梦对她来说标志着一个改变的时刻。一个基本的三角关系被引入梦中，这意味着丧失正在被登记，被转换成一条信息传递给他人，并在某种程度上被她自己接受。

第二章

　　我们已经看到弗洛伊德是如何区分哀悼和忧郁的。在哀悼中，那些我们与失去之人相连的记忆和希望贯穿始终，它们中的每一个都面临着判决——那人已然不在。这种对思想和形象进行审视和重组的过程最终会耗尽自身，哀悼者将选择生而不是死。在病态的或复杂的哀悼中，正是由于我们对逝者的爱夹杂着强烈的恨，这一过程被遏制了。在忧郁中，对失去之人的无意识的恨反过来淹没了我们：我们对自己发怒，就像我们曾经对他们发怒一样，这是由于我们在无意识中认同了他们。我们成了我们无法容忍自己放弃的东西。

　　那么，精神分析学界对弗洛伊德的文章作何反应呢？令人惊讶的是，每个人都不同意他的观点。柏林分析师卡尔·亚伯拉罕和几年后的梅兰妮·克莱因作出了两个最为重要的回应。二者都认为弗洛伊德对哀悼和忧郁的两极区分过于僵化。他们质疑两者之间的区别，而这正是弗洛伊德论点的关键所在。尽管他们在这里发展出了不同的理论，但有一个基本的观察连接着克莱因和亚伯拉罕的观点：当我们还是婴儿的时候，我们与照料者的关系最早是在矛盾的环境中开始的。无论我们如何努力地分离或否认我们的情感，爱和恨总是指向同一个人。弗洛伊德当然讨论过这个问题，但他们觉得他做得还远远不够。他们认为，弗洛伊德把情感冲突限制在病理性哀悼的状态，而实际上这是哀悼的所有形式的核心。

这意味着当我们失去所爱之人时，责备总会出现，因此他们断言，哀悼、病理性哀悼和忧郁是一个连续体。同样，弗洛伊德在忧郁中发现的那种对失去的爱人的内化，实际上也是所有哀悼形式的一个特征。亚伯拉罕声称，这种内化是一种同类相食的行为，就好像失去的对象通过嘴巴被吸收进来。虽然这个想法听起来有些奇怪，但我们应该记得婴儿与照料者之间如何通过喂养建立起最初的关系。许多语言中都有"我想把你吃掉"这样的语句来表达爱意，而爱情中的问题很可能会牵涉个体对待食物的态度，比如没有胃口或暴饮暴食。在一些罕见的精神病案例中，这种想象的融合的愿望变成了现实：爱人可能会被杀死，然后被吃掉。不管在现实中有多罕见，这种融合呈现出的无意识的吸引力都反映在大众对汉尼拔·莱克特（Hannibal Lecter）的迷恋中，他是一个以受害者为食的凶残的美食家。

分离和丧失往往以饮食行为的变化为标志，这说明吞咽和吐出的基本机制在某种意义上定义了我们与所爱之人的关系。当人类学家杰克·古迪（Jack Goody）在西非的洛达加（Lodagaa）进行田野调查时，他发现服丧的女性在葬礼上被阻止接近爱人的遗体，这让他感到困惑。他想，为什么一定要保持距离呢？得到的回答很简单：为了阻止她啃咬遗体。回顾不同文化中的丧葬习俗，人类学家可能会说，最普遍的元素是饮食所扮演的角色。阿喀琉斯在悼念心爱的帕特洛克罗斯时，仍然可以劝慰他的同伴享用盛宴。在守灵和葬礼上，食物仍然是必不可少的。

　　从啃咬到吸吮，从吞咽到嗅探，从听到看，我们的融合方式的多样性令人着迷。一位在人生后期患上眼疾的女士，在分析中解释了她小时候是如何用眨眼来留住别人的。当看到定期回家的父亲时，她会迅速闭上眼睛，以为这样就能"把他封在里面"。通过眼皮的运动把他包裹起来，她就可以把他留住了。后来在学校必须学习一些东西时，她也会眨眼睛，这样就能让自己"把握住它"。她想，如果自己闭上眼睛，就能留住那些会从身边溜走的东西了。

　　尽管看似奇怪，但吸气是另一种吸收融合的途径。奥托·费尼切尔（Otto Fenichel）在精神分析的早期就意识到了这一点，他注意到一些人会谈及自己想要通过鼻孔将对方吸入身体。恋爱中的成年人偶尔会体验到这种奇特的冲动，他们深知这是多么地荒谬，但内心仍然会感受到一种想要将对方吸入自己身体的冲动。有些人在分手后甚至会购买前任用过的香水，并习惯性地在一种私密的、痛苦的情境中闻吸它。精神分析学家科莱特·索莱尔（Colette Soler）对此有一个非常精确的观察。她指出，早期的弗洛伊德学派过于快速地将他们在此类活动中看到的内容解释为施虐。咬、掐、抓、嗅和其他所有生命之初的吸收融合行为，实际上可能代表着我们试图理解照料者的身体奥秘的方式：存在于我们生命中心的这个巨大的大他者（Other）是什么呢？面对一个谜，婴儿使用他可以掌握的口腔和肌肉的所有技巧，尝试理解这个大他者是什么。

一个深爱着自己伴侣的男人谈到了他们在床上时自己的一些冲动。在做完爱后，他会躺在她的身边，心怀一种冲动，他说"不是想要插入她，而是想要以某种方式包裹她"。他不太清楚这意味着什么，但他知道这和性不是一回事。他想要"拥有她，把她揉进我的身体"，同时想要把自己身体的每一点都与她的身体重叠。他想象着以这种方式趴在她的身上，她的身体的每一寸都紧挨着他。他承认这是不可能的，但是这种不可能的想法一直萦绕在他心头。当他揉捏她、挤压她、闻吸她的时候，他感受到一种口腔欲望，想要摄入更多，但同时又强烈地感觉到自己"不知道该对她的身体做些什么"。对她的身体的轻微攻击可以理解为一种施虐，但似乎更多地与索莱尔所描述的理解大他者的身体的努力联系在一起。它们就像极限点，标记着他渴望的却永远无法拥有的东西。

在《哀悼与忧郁》出版之前，亚伯拉罕已经和弗洛伊德就悲伤的机制进行了一段时间的对话。虽然他就这些议题写过许多文章，但对丧失问题探讨最为广泛的是他在1924年发表的《对力比多发展的简短研究》（"Short Study of the Development of the Libido"）一文。对这个文本的阅读很难忽视一个事实，即在亚伯拉罕动笔前不久，关于弗洛伊德即将死于癌症的传言已经满城风雨，一个奇怪的机制出现在这位柏林分析师的文章中：他反复说这样一些话语，比如"精神分析没有阐明健康人和转移性神经症〔患者的哀悼〕"，鉴于弗洛伊德论文的复杂性，这一说法令人震惊。之后，他总是使用这样的说法——有很多这样的说法——并奉承地提到弗洛伊德，这种节奏不可思议地证明了他认为对哀悼过程至关重要的矛盾情感的现象。

亚伯拉罕在所有形式的哀悼的核心中都发现了这种矛盾情感，他认为这是忧郁的衍生物。在忧郁的基本形式中，孩子对母亲的恨——与口腔施虐阶段相吻合的早期失望加剧了这种恨——可以淹没他们的爱，他们发现自己既不能完全地恨她，也不能完全地爱她。这个僵局被感受为一种深刻的绝望，亚伯拉罕认为这是许多儿童和成人所经历的抑郁状态背后的原因。与母亲的早期关系是由口腔施虐冲动塑造的，忧郁者大多会将这些冲动与自己对立起来，从而拼命地逃避它们。这个逆转将会形成自我责备，它曾激起弗洛伊德极大的兴趣。

亚伯拉罕认为，当我们在后来的生活中失去某人时，我们的童年情境总是会再现。我们突然又回到了与母亲最初的矛盾关系。因此，在亚伯拉罕的逻辑中，自我责备归根到底是对母亲的一种责备，她是我们的矛盾情感的第一个对象。但他补充道，自我责备可能还有其他来源。一个儿子对自己的抱怨可能正好重复了母亲对他的抱怨，或者重复了父母中的一方对另一方的抱怨。在责备中，对当下的父母一方的攻击实际上可能映射了第三方对他或她的攻击：例如，儿子的自我责备可能重复了母亲对父亲的那些责备。所有的这些可能性都扩大了弗洛伊德的自责模型。

亚伯拉罕认为，我们在无意识中将丧失体验为肛门的排泄过程，然后我们会希望用口腔吸收那些已经不复存在的东西。吸收和排出，这两个基本的身体功能被用来理解丧失。口腔和肛门的过程都可以被细分：肛门过程既能够排出和消灭，也可以保留和控制；口腔过程既能够吮吸和取乐，也可以撕咬和破坏。我们所爱的人像粪便一样被驱逐，又在幻想中被吞噬。一旦忧郁者对复仇的渴望转向自身，在施虐倾向以某种方式得到平息且爱的对象（母亲）远离被毁灭的危险之前，它会一直折磨着他。因此，当主体摆脱了对象时，哀悼过程就结束了，这个过程就好像排便一般。

虽然这些想法看起来很陌生，但我们会发现在丧失或分离的时刻，身体的过程总是一次又一次地发挥着作用。在一个案例中，一位男士的家人越来越担心他的囤积癖。尽管他一直对收藏很感兴趣，但从某种意义上说，他拒绝扔掉任何东西。杂志、报纸、包装和其他杂物越积越多，他的家里几乎没有地方放别的东西了。没有什么能被丢弃。排便似乎同样是一项不可能完成的任务，他患有严重的慢性便秘。这一切都是在他父亲去世后的几个星期内开始的，如同无法接受这个丧失一样，他必须确保自己世界里的一切都得到保留。丧失将变得不再可能。

克莱因继续了亚伯拉罕对忧郁的研究，她同意他的观点，即忧郁和哀悼有着相同的结构。和亚伯拉罕一样，她也不同意当时普遍的观点，即哀悼与忧郁相反，包含着一种纯粹的爱。她认为，失去某人将会使个体先前经历过的并归因于自身破坏性冲动的所有丧失重现。如果我们因为分离或死亡而失去了某人，精神生活中会有一股强大的力量让我们感到自己对这个丧失负有责任。与广岛原子弹幸存者一起工作的罗伯特·利夫顿（Robert Lifton）指出，那些"原子弹孤儿"很难相信，父母的死与自己的恶意没有联系：正如一个孩子对他说的那样，"我们没有做坏事——但我们的父母还是死了"。

克莱因认为，对我们所爱之人的丧失或他们受到的伤害负有某种责任的想法，会对我们的精神生活产生巨大的影响。当我们因死亡或疏远而与某人分离时，这会损害我们确切拥有所爱之人的内在表象的踏实感，并将重新唤起我们对受伤或受损客体的早期焦虑。因此对克莱因而言，"被哀悼的、通过哀悼过程加强了其内摄的外部爱的客体的复原，意味着所爱的内部客体被修复和找回"。这需要利用在升华作用中至关重要的力比多幻想和欲望，这意味着个体的整个内在世界必须被重建。我们必须让自己确信，我们没有对生命中那些重要的客体造成无法弥补的伤害。

这个过程将会涉及什么呢？克莱因认为，在与照料者的原初关系中，我们分离了好的和坏的、令人沮丧的和令人满意的部分。我们没有将乳房或母亲理解为既好又坏、既令人沮丧又令人满足的整体，而是将它们分开来理解：好的乳房和母亲、坏的乳房和母亲。只有修通这种分化，我们才能领会到好与坏是同一个客体的特征。一旦意识到这一点，我们就会知道我们所攻击的客体也是我们所爱的客体，并由此感到内疚。当我们试图弥补的时候，一个悲伤和忧虑的阶段会随之而来，克莱因称这个过程为"抑郁心位"（depressive position）。

对克莱因而言，哀悼意味着抑郁心位的困苦将会贯穿我们经历过的每一次重大的丧失。这涉及一种痛苦的领悟，即母亲或其身体上被爱和被恨的部分不是相互分离的实体，而是同一个人的不同方面，这会产生悲伤和内疚的感觉。因此，我们将试图做出补偿，克莱因将这一过程称为"修复"（reparation）。修复的尝试随后被理解为克服悲痛的努力。如果因母亲的丧失而产生的早期挣扎没有得到处理，抑郁症更有可能随之而来。至于自责，它既被认为是敌意冲动对客体造成伤害的载体，也被认为是个体冲动更基本的恨意的载体：在克莱因看来，是对自身恨意的憎恨。这可能比前一种形式的敌意更为古老：自我的存在本身受到个体破坏性释放的威胁，它威胁着要毁灭自我所爱的客体。

克莱因的这个观点与临床经验产生了强烈的共鸣。当在分析中接待刚失去亲人的来访者时，我们常常会看到一个奇怪的现象。例如，如果父母中仍在世的一方刚刚去世，我们可能会见证一个漫长的过程，即来访者一直谈论的是父母中另一位的死亡。这就好像在他们开始谈论最近的丧失之前，早先的丧失必须先被修通。如果临床医生认为一个刚刚失去亲人的人会想要立即谈论这个丧失，他便可能会感到困惑。他们甚至可能会建议病人这样做，或会觉得这个丧失正在被回避或否认。然而，按照克莱因的逻辑，每一次丧失都会唤起那些先前的丧失，因此这些丧失必须被先行修通。正如作家谢丽尔·斯特雷德（Cheryl Strayed）在母亲去世后所注意到的那样，她本以为"她的去世可算作唯一的丧失……没有人告诉我，在这悲伤之后，其他的悲伤将接踵而至"。

克莱因出色地捕捉到的另一个临床现象是分裂（splitting）。弗洛伊德在他的文章中没有提到这一点，但克莱因注意到，在哀悼的状态中，好与坏可以完全被极化。例如，在失去亲人之后，对其的记忆或梦境可以将他们表现为完全美好的、理想化的和积极的，或者相反，表现为完全坏的，是邪恶本身的化身。这往往会使丧亲者感到不安，因为在这之前，他们在与亲人的日常关系中并未有意识地经历过这种分裂。但是现在，所爱之人的表象似乎在好与坏这两个极端之间一分为二。这也经常发生在情侣分手时：前任被贬低为一个无情的恶魔，或者相反，变成了一个无可指摘的天使。似乎没有中间地带。

在克莱因看来，修复对哀悼过程而言非常重要，并且在许多丧失和悲伤的情况下也很常见。她认为，孩子们会拼命去弥补他们认为自己对所爱客体造成的伤害。当真正的丧失发生时，自身的凶残冲动的威胁会突然变得更加明显，仿佛他们要对丧失负责，于是修复被重新激活。我们在分析中经常会听到，在哀悼期的梦境中，一个被损害的躯体会被修复或缝补。一位男士在母亲去世后，梦见了一条侧面有巨大裂痕的鲸鱼，他用鱼叉索将它缝合了起来。这些修复主题的普遍性与克莱因的理论非常吻合，尽管我们会看到，肯定还有其他的方式能够解释它们。

克莱因作品的过人之处在于对丧亲之痛现象的敏感度：在此类现象中有一些非常明显的特征，例如经常发生的好坏两极的僵化分裂、躁狂状态的出现，以及频繁梦到对身体的伤害和修复。这很容易让我们想到，克莱因在 20 世纪 30 年代期间的研究灵感不仅来自她与这类病人的工作，也可能来自她的个人经历。在失去父母、妹妹西多妮和弟弟伊曼纽尔之后，她的儿子汉斯也于 1934 年 4 月去世。仅仅间隔了几个月，她就在 8 月份的卢塞恩精神分析大会上提交了那篇关于躁狂抑郁状态起源的开创性论文的初版。

即使我们试着用亚伯拉罕和克莱因的思想来扩展弗洛伊德的理论，其中还是存在一个问题。无论我们如何理解这些精神分析理论，它们仍然遗漏了一个东西，这个东西是如此重要，以至于我们无法理解它为什么会在此处缺席。哀悼在社会维度上发生了什么？我们以分析视角进行的回顾似乎完全忽略了其他人的作用。哀悼被视为一个私人事件，而不是一个公共的、社会的过程。在《哀悼与忧郁》起草之前的几年里，弗洛伊德一直沉浸在对哀悼的社会维度有丰富论述的剑桥人类学家的著作中，当我们意识到这一点时，上述遗漏就变得更加奇怪了。詹姆斯·弗雷泽（James Frazer）等作家用了数百页的篇幅来描述土著社会如何让群体参与对逝者的哀悼，弗洛伊德自己也在《图腾与禁忌》等作品中大量地使用了这些资料。

虽然对丧亲之痛的社会反应包括正式的公开展示和社

会群体的参与，但弗洛伊德所描述的哀悼是一个非常私人的过程。个体独自面对他们的悲痛。事实上，在他的讨论中根本没有提到其他人在哀悼过程中的参与，这个特点一直让后来的评论家们感到困惑。就在《哀悼与忧郁》出版的前几年，社会学家埃米尔·涂尔干（Emile Durkheim）曾描述道，哀悼与其说是一种个人的悲伤过程，不如说是一种社会群体的迫切需要；与其说是一种因丧失而受伤的个人情感活动，不如说是群体强加的一种责任。

人类学家杰弗里·戈勒（Geoffrey Gorer）在其 1965 年的重要调查报告《死亡、悲痛和哀悼》（*Death，Grief and Mourning*）中注意到了这一疏漏，他指出，每个有记载的人类社会都会有公开展示的哀悼仪式。除了丧葬仪式，甚至着装规范都能透露出某人的亲人已经去世，也可以透露出去世的具体是谁，以及他或她离世有多久了。在许多西方国家，人们都会穿黑色的衣服，尽管在早期，基督徒实际上被要求身穿白色衣服以区别于异教徒。在叙利亚，哀悼的颜色是浅蓝色，而在印度教徒和中国人那里则是白色。颜色或风格的其他细节会表明丧失的是父母还是兄弟姐妹，也会表明丧失发生的时间以及关于丧失的更多信息。这些外在的标志有助于将哀悼者铭记在一个共享的公共空间内。

戈勒等人认为，西方国家公共哀悼仪式的衰落与第一次世界大战的大规模屠杀有关。与以往战争相比，（一战中）逝者和丧亲者数量的过剩甚为极端，并且在地区分布上更为集中，因此社会被迫发生了深刻的变化。当尸体都几乎无法计数的时候，社会对每一个死去的士兵进行哀悼又有什么意义呢？重要的是，弗洛伊德正是在这一时期开始撰写他的文章。从这个意义上讲，恰好是在哀悼与群体生活越来越疏远的时候，它开始被理解为个人问题。随着悲伤向内转移，哀悼的外在表现越来越模糊。在大多数情况下，现代西方的哀悼者并不遵循特定的着装规范，也不向外表现自己的痛苦。相反，他们得靠自己去解决，仿佛哀悼只是一个私人的过程。

杰基·肯尼迪（Jackie Kennedy）在丈夫葬礼上的坚忍，也许是这种压抑悲伤的形象最为著名的例子。尽管葬礼是一个重大的公共活动，通过电视向全国数百万观众转播，但她没有流露出悲伤，没有流泪或哭泣。甚至那些从未见过总统的人当然也感受到了这些情绪的迹象，但杰基的平静成为一种内化于心、不形于色的悲痛的象征。尽管有些人认为这是勇气和坚毅的典范，但也有人赞同一位评论家的观点，认为这"让哀悼倒退了一百年"。

即使是在许多没有经历过大规模战争屠杀的地方，公共的哀悼仪式时至今日也在衰落。在非洲社会中，艾滋病的肆虐意味着数百年来的哀悼和丧葬仪式正在被抛弃或省略。在坦桑尼亚等国，艾滋病现在是 15 岁至 59 岁人群死亡的主要原因。逝者的数量之多，让人们已无法再继续保留传统的丧葬程序，而经济困境也使得以动物为祭品等诸多习俗难以为继。我们必须问，这种对社会结构的破坏会带来什么后果，以及在哀悼仪式已经崩溃的西方国家有何后果。

这种衰落有一种奇怪的、自相矛盾的效果。维多利亚时代文化的最大禁忌是性，而戈勒认为今天的最大禁忌是死亡。我们可能会反对说，事实上，在如今的电影、电视和媒体上，暴力死亡的画面正不断地向我们袭来。但是我们可以反过来将此看作哀悼仪式消失的不折不扣的后果。如果没有哀悼仪式的象征性支持，死亡的形象就会泛滥到毫无意义的地步。

事实上，大多数西方人每晚都会在电视播放的犯罪现场调查和谋杀案中观看到死亡画面，它们充斥于晚间节目。令人惊讶的是，大多数人下班后都是这样做的：他们观看一些节目，节目中有人死亡，而这个人的死随后被解释和理解。这个不断重复的事实意味着，死亡终究不是可以被理解的东西。在缺乏可能会对它们进行调解的象征性框架的情况下，越来越暴力的形象会成倍增加。

在这种背景下，尝试将哀悼的传统精神分析理论与对公众、社会层面的关注结合起来，似乎至关重要。这不仅会加深我们对哀悼过程的理解，也会加深我们对群体哀悼衰弱的后果的理解。我们该如何将私人和公众、个体和社会联系起来呢？

梅兰妮·克莱因曾于1940年发表过一篇关于哀悼及其与躁狂抑郁状态的关系的论文，其中的一则注释可以帮助我们找到这个问题的线索。她说，有时，如果我们的内在客体——他人在个体心中的无意识表象——与我们一起哀悼，那么哀悼的过程就会得到帮助。她写道，"在哀悼者的精神状态中，他的那些内在客体也会感到悲伤。在他的心灵中，他们和真正善良的父母一样，分担着他的悲痛。诗人告诉我们，'大自然与哀悼者同哀'"。这则注释提供了我们所寻找的个人与社会之间的关键联系。这表明，如果我们意识到其他人也在哀悼，我们自己的哀悼之路也会走得顺利一些。实际上，这一看似简单的观点为哀悼过程提出了许多问题和新观点。

在处理哀悼问题方面最著名也是最早的典籍之一《伊利亚特》（*Iliad*）中，我们读到了阿喀琉斯的爱人帕特洛克罗斯的死亡给他带来的可怕打击。当聚集的人群为这位死去的战士哀悼时，我们了解到，他们与其说是为他而哭，不如说是为了他让他们想起的丧失而哭。女人们公开哀悼他的离世，同时"个个私下里痛哭自己的不幸"，而男人们"全都回想起自己留在家中的一切"。悲痛的公开展示让每个人都能接触到自己的丧失。这类过程不是对悲痛的公开展示的任意补充，而是其基本特征。公共哀悼的存在，是为了让私人的哀悼得以表达。对久逝英雄的哀悼在希腊文化中具有如此确切的地位，其功能即是为个人的、私人的丧失提供一个哀悼的空间。

一个哀悼去世母亲的妇女梦见自己在试穿一件衣服，母亲像裁缝一样在缝制下摆。当她仔细检查这件衣服时，发现它很厚重，就像祖国的民族服装一样。曾经，当学校举行仪式时，她会身穿这类衣服为祖先和逝去的英雄吟诗或致辞。作为艰难的哀悼过程的一个标点，这个梦不仅意味着母亲帮助她承担起哀悼者的角色，也意味着她走向公开展示的过程。通过进入固定的、哀悼者的公共角色中，她的个人哀悼得以穿越和沉淀。

如今关于公开展示悲痛的现象的争议就说明了这一点。当戴安娜去世时，公众的反应接近于歇斯底里，以至于愤世嫉俗的人宣称这些眼泪不是真的。报纸头条提到了"哀悼病"，嘲讽当今公众的悲痛是"鳄鱼的眼泪"。这些眼泪并非真正为戴安娜而流，或者，在另一个例子中，也并非真正为那两个被谋杀的索厄姆女孩①而流。但是这种嘲讽完全没有抓住重点。没有人会认真地争辩说，这些眼泪是为死去的人物本身而流的。恰恰相反，正是在公共的框架下，人们才得以表达出自己对其他不相关的丧失的悲痛。狄更斯（Dickens）在他的一部小说的主人公小内尔死

---

① 指英国索厄姆惨案。2002 年 8 月 4 日，英格兰东部索厄姆村，在烧烤晚会上，10 岁的霍莉·韦尔斯和杰西卡·查普曼出门后失踪。13 天后，两人的尸体在距索厄姆村 16 公里的一个林间风景点被找到。

后收到了数千封信件，这让他感到自己似乎真的犯下了谋杀罪，然而正是这种虚构的死亡的社会性和共享性，让每个读者都能触及自己的悲痛，甚至在未曾意识到的情况下也会如此。这是公共哀悼仪式的基本功能。公共为私人提供便利。

今天抱怨"哀悼病"的愤世嫉俗的人，忘记了许多世纪以来，葬礼上都会雇佣职业的哀悼者。如果我们不把公共和私人之间的关系纳入考量，这种古老的做法能有什么意义呢？当职业的哀悼者为逝者哀悼和痛哭时，哀悼者也能体会到自己的悲伤。为他人哀悼时那公开的、浮夸的展示，是他们陷入自身悲痛的必要条件。这些雇工都是职业人士，这一事实本身就表明了公共和私人之间的间隔。如果两者之间太过相近，也许悲伤的外在表现看起来就不像是标志性的、经过精心排练的人为因素。如果没有这种人为的距离，哀悼者就会和逝者处在同一个空间内，而无法将自己的丧失放在另一个更具象征意义的空间中。

我们再举一个例子。马克·罗斯曼（Mark Roseman）的《隐藏的过去》（The Past in Hiding）一书，讲述了一位在纳粹德国统治期间秘密地活下来的年轻犹太妇女玛丽安·埃伦博根（Marianne Ellenbogen）的故事。在 20 世纪 80 年代，罗斯曼采访了埃伦博根，那时她已经是一位生活在英格兰的老太太。但他的叙述并不仅仅依赖于这些采访；他还借鉴了她在那个时期所写的日记，以及从别处收集到的信息。这本书罕见而大胆地处理了一个困难的主题：让罗斯曼感兴趣的并非一幅英雄主义和英勇的画像，而是考察玛丽安自己的叙述中虚构与非虚构之间的张力。她在战时的日记中所描述的内容往往与她后来重构的故事截然不同，就像这两种描述有时会与外部的叙述相冲突一样。

随着罗斯曼对这些材料的仔细研究，一个模式变得清晰起来。当分离的时刻是如此地伤痛以至于玛丽安无法忍受时，她就会用别人的记忆来重写它们。例如，她会借用从朋友那里听到的别人分离的细节，来讲述自己与未婚夫的分离。我们该如何理解这种奇怪的现象？这与其说是所谓的"虚假记忆综合征"[①] 的问题，不如说是一种借用哀悼（borrowed mourning）的原则：玛丽安想用那些故事来代替自己在叙述中难以言说的要点，这些故事涉及的是其他人对丧失的悲恸，以及这个丧失情境中的一些小细节。尽管如罗斯曼所示，这些丧失不是她自己的，但我们难道不能把它们看作让她的哀悼得以进行的工具吗？她能够从别人表达悲痛的方式中创造出一些东西。我们可以把这叫作"哀悼的对话"（dialogue of mournings）。

---

① 虚假记忆综合征（false memory syndrome），一种精神障碍，指的是个体经历的事件或情境并非真实存在，而是被编造或植入其记忆中的一种错觉状态。这种症状可能由心理治疗、药物或其他外界因素引起。虚假记忆综合征常常会导致患者体验到严重的情感困扰、恐惧、焦虑等心理问题，对其个人和家庭产生负面影响。

哀悼的对话有诸多效果。它可以让一个人真正开始适当的哀悼过程，它能够提供必要的材料来表现他们的丧失。就像我们在莎士比亚的《理查三世》（*Richard Ⅲ*）中读到的那样，"假如愁痛能接受愁痛作伴，也不妨先看我锁紧愁眉，听我诉衷肠。你们尽可假我旧恨以历数你们的新愁"①。这种"观看"的过程可以为其他现象提供启示，因为它能提醒我们注意比较（comparison）的积极作用。找到一个与我们自身情况相呼应的表象，可以让我们启动哀悼的过程，即使比较的节奏并不总是顺畅的。孩子进行哀悼所需的时间往往与丧偶父母所需的时间不同，而且这会产生巨大的痛苦。如果在世的父母再婚，孩子往往会认为大人哀悼过快，从而心怀怨恨。

感到与悲伤相距太近的情况也是存在的。玛莎·沃尔芬斯坦讨论了一个青春期的女孩哀悼受阻的情况，她的母亲在她15岁时因脑溢血去世。葬礼结束后，她发现自己哭不出来，直到遇见一个在父亲去世后有过类似反应的女孩后，她才松了一口气。然而，哀悼的对话在这里夹杂着一种恐怖的感觉。她梦见爷爷靠在她的近旁说道："让我们把我们的眼泪混合在一起。"不论我们是否同意沃尔芬斯坦的观点——这个骇人的形象代表了父亲——这个梦境在

---

① 引文出自：《莎士比亚全集》，威廉·莎士比亚著，朱生豪等译，人民文学出版社，1978年。

女儿身上引起的恐惧感显然带有乱伦的意味。或许在这个案例中，母亲的去世不仅意味着女儿丧失了挚爱的亲人，还意味着她被留下与父亲单独生活在一起。因此，悲伤的流露只会证实父女之间新出现的令人不安的亲密：在悲痛中结合在一起，对她来说就是结合的一种形式。她的焦虑是这种乱伦欲望的危险信号。

如果哀悼过程的比较是复杂的、多层次的，那么在那些比较的可能性看似已被排除的案例中又会发生什么呢？在我们的文化中，这种障碍最明显的——或许也是唯一的——例子就是大屠杀。当西尔维娅·普拉斯（Sylvia Plath）敢于在她的诗歌《爸爸》（Daddy）中用大屠杀的形象来戏剧化地表现个人的、自传性的主线时，人们的反应是愤慨和恼怒。如果我们认真对待关于哀悼之间共鸣的争论，一系列的问题就会产生：特别是对大屠杀的那些表象予以标记的比较被禁止，这阻止了我们所讨论的哀悼模式的发生。在临床层面上，这是一个关键点。想一想家庭中的丧失没有被公开讨论的那些情况。我们可以问，这对孩子们会有什么影响？如果他们被剥夺了哀悼对话的可能性，他们又该如何哀悼呢？

这是那部经典的悲伤研究——《哈姆雷特》（Hamlet）——中的基本问题。莎士比亚的角色〔哈姆雷特〕失去了父亲，他的父亲被他的叔叔克劳狄斯所杀，而他的母亲后来嫁给了克劳狄斯。格特鲁德是一个无法哀悼的母亲：她的丈夫刚被除掉，她就向另一个男人敞开了怀抱。我们观察不到哀悼期，主体的丧失没有被承认，或被适当地象征化。只有在墓地那一幕之后，哈姆雷特才能进入自己的哀悼——他在墓地看到雷欧提斯为奥菲利亚的死亡悲痛欲绝。在哈姆雷特未能哀悼之处，雷欧提斯进行了哀悼。然而一旦哈姆雷特面对他，被格特鲁德封锁的哀悼的对话就得以重新打开。

哀悼在人与人之间的联系并不限于戏剧。哈佛大学一个关于悲伤的研究项目发现，大多数受访的寡妇都觉得应当隐藏自己的眼泪。正如临终的丈夫可能会嘱咐妻子不要为他而悲伤，以使她免于痛苦一样，失去丈夫的母亲也会试图通过不提及死亡，来使子女免于丧失的痛苦。然而，在世的父母一方如何表现丧失对哀悼的过程至关重要：正如我们在临床中反复看到的那样，当一个丧失在家庭历史中没有被象征化，它常常会反过来困扰下一代人。许多人调查过大屠杀幸存者的子女的生活，他们声称这些父母会高度重视孩子的快乐，而不去面对过去的丧失。当然，这并不是个别现象，它非常普遍：父母越是避免处理自己生活中的丧失，把快乐和安慰的理想投射到孩子身上，后者就越可能试图揭示被压抑的真相。

在一个案例中，一位有抑郁倾向的男士开始吸食海洛因，同时幻想着母亲发现了自己在吸毒。他还会想象自己将犯下各种骇人听闻的罪行，直到最后母亲被迫承认她的孩子是个怪物。他从小就被母亲对他怀有的理想形象压垮：他所做的任何事情都没有错，再多的不当行为也不会被负面看待。母亲把自己的父亲的光辉形象投射到了他身上，童年时父亲的死亡从未被她真正接受过。在别人的幻想的压抑氛围中长大，使这位男士寻找着母亲的恨意，这种恨意可以被看作最低限度的真实性的标志。正如温尼科特和拉康所指出的，仇恨也许难以承受，但至少它表明了一些真实的东西。对这个人来说，这将证明他终于作为自己被承认，而不是作为某种强加在他身上的幻想的形象。

从抑郁状态——展现父母的理想形象的虚假——到幻想和虚构，真相的出现可能有多种形式。一个作家描述了她曾经如何偶然发现自己有个早三年出生的哥哥，他在出生几天后就去世了。她说，突然之间，她对自己生活的许多方面有了新的认识。她一直痴迷于鬼魂的想法，这些想法在她小时候编的故事中反复出现。多年来，她也一直想象自己有一个男性替身，有一个小男孩，她会用魔法召唤出他的形象并与之对话。虽然父母从未对她说过关于死去的哥哥的事，但这个不为人知的秘密还是传了出来，而且它的不可言说性让它有了更可怕的分量。

她在十岁时偶然听到一句话后，便开始像侦探一样探索，在家里的各种证件和文件中寻找哥哥存在的痕迹。当她终于找到了哥哥出生和死亡的真实的书面证明后，奇怪的事情发生了：在这一发现之后的几天内，她的月经开始了。家庭医生们对这种奇怪的生理变化感到困惑：他们从未见过一个女孩在这么小的年纪就来月经。几年后，在她的分析中，她明白了为什么自己的身体会有如此惊人的反应。经期意味着她终究是个女孩。通过肯定自己身体的女性气质，她仿佛让自己从那个曾经如此纠缠着她的死去男孩的阴影中解脱了出来。

知晓（knowledge）在其中至关重要。将分离或死亡象征化是能够开始思考它的必要条件。在阿根廷的独裁统治时期，失踪男女（无疑受到了警察和军队的折磨和杀害）的母亲每周四都会在布宜诺斯艾利斯的一个主要广场的独立纪念碑前集会。她们默默地围着纪念碑转圈，每人拿着一块手帕，上面写着失踪孩子的姓名和失踪日期。正如精神分析师莫德·曼诺尼（Maud Mannoni）所指出的，他们坚持以最低限度的象征性姿态——以文字的书写（inscription）——来标记逝者。

这种文字的书写是知晓的初级形式，指引着死亡或分离，而不是隐藏它。然而，在分析实践中，我们经常会听到知晓与父母一方有关的秘密给孩子带来的压力，他们被告知要保守这些秘密：出轨、即将发生的分居或犯罪。必须保守秘密也许会让他们忠诚于当事的父亲或母亲，但保守秘密的压力会让人崩溃。当涉及疾病和死亡的问题时，这种压力可能同样严重。他们可能会意识到即将发生的死亡，或会知道不为人知的真正死因，或者在其他情况下，意识到对事实的排斥，正如一个家庭内有某个成员自杀时我们经常会看到的那样。

杰弗里·戈勒观察到，到20世纪中叶，对病人隐瞒他们将会死亡的诊断结果已经成为一件司空见惯的事。研究儿童历史的历史学家菲利普·阿里埃（Philippe Ariès）在早期的文化遗迹中发现了对死亡的准备，而他和戈勒都认为当代的问题正是死亡与知晓之间的这种关系。各个文化倾向于用不同的方式来合理化这个令人不安的问题。例如在伊朗，有些人认为独自一人或远离家人时收到家中成员死亡的噩耗会导致某种疾病，因此，在国外的伊朗人往往在数月甚至数年后回国时才会被告知这一噩耗。无论这种做法多么普遍，都丝毫不能减轻个体被排斥在知晓之外所造成的不利影响。

当代西方文化以自己的方式改变了关于知晓的问题：过去孩子们会聚集在临终的家人床前，而如今我们越来越多地听到他们与这一场景的分离。阿里埃指出，一直到18世纪，所有描绘临终场景的作品都会把儿童包括在内。如果父母为孩子考虑而不让他们参加葬礼，那么几十年后，当他们听到这件事时可能会感到失望或怨恨。这意味着我们必须对弗洛伊德的哀悼观点加以补充。逝者与丧亲者的关系是一回事，但它会被丧亲者周围的人应对丧失的方式影响。作为人类，难道我们不需要别人来证明我们的丧失是真实的吗？相较于默默地一带而过，难道我们不需要将它们确认为丧失吗？换句话说，我们难道不需要哀悼的对话吗？

为什么公开展示在这里是必要的？在遭受了创伤性的丧失后，我们需要接收到这样的信息：可怕的事情发生了。如果你认为这是显而易见的，那么我们可以想一想那些遭受丧失的人以否认或茫然作为唯一反应的案例，这样的情况并不少见。举一个重要的例子，我们可能都知道流产在很多情况下被默默忽视了。至少有15％的怀孕以流产告终，显然，社会通常很少为此留下哀悼的空间。对母亲和父亲来说如同悲剧一般的事，在其他人那里可能会被忽视或否认，从而阻碍了将这一事件命名为丧失。然而，人类的一个极其重要的需求就是对事件进行象征性的命名。

在一个案例中，一位女士在流产后做了个梦，梦中她被告知发生了一场悲剧。整个梦境就像一场演出，仿佛所有的角色都在表演。他们告诉她，她体内有一个"空腔"，而梦中房间里的视频监控器让她想起了流产时身旁的那些人。在这里，丧失正朝着被表征的方向发展，这种表象是公开的，它被编织进一个更广阔的结构。私人悲伤被转化为一种公开表演，这种方式表明了艺术本身的某种意义。文学、戏剧、电影以及其他视觉和造型艺术在人类文化中究竟占有什么地位？它们的存在是否与人类哀悼的必要性有关？如果是的话，两者又是如何联系的呢？

在一篇发展梅兰妮·克莱因美学思想的文章中，克莱因派分析师汉娜·西格尔（Hanna Segal）提出了一个关于我们对艺术作品的体验的观点，这个观点非常简单，但也几乎没有人注意到它。尽管在某种程度上，我们可能认为自己"认同"了主人公，但是从某种意义上说，这里也存在一个认同创作者的过程，因为他们可以从被推断出的丧失体验中创造一些东西。正如西格尔所说，他们"用混乱和毁灭"创造了一些东西。如果阅读詹姆斯·邦德（James Bond）的小说，我们可能会认为自己认同的是这位迷人的间谍，然而事实上，虽然看起来很奇怪，但在更深的层面上我们认同的是邦德的创造者伊恩·弗莱明（Ian Fleming）。

这看起来似乎相当反直觉，当然我们可能不同意西格尔的解释，但它在某种程度上是正确的。这里的关键在于暴露在他人显见的哀悼过程中的重要性。西格尔继续论证说，正是通过"认同艺术家"，一种成功的哀悼可以被实现，也许这是比弗洛伊德所描述的漫长的哀悼工作更短暂的一种宣泄体验。然而，如果我们遵循她的方法，把所有的创作都看作是相同机制的产物，那么艺术在文化中的地位就有了新的意义：作为一套帮助我们哀悼的工具。艺术的存在可以让我们进入悲伤，它们通过向公众展示创造性如何浮现于人类生活的动荡中来实现这一点。在我们无意识地使用艺术的过程中，我们必须走出自身，才能回到内心深处。

柏拉图的《理想国》（*Republic*）早已触及了这个主题，我们在书中可以读到"诗人如何满足和放纵自然的欲望，尽情地哭泣和哀叹，而在私人的不幸中，我们却强行抑制了这种欲望"。今天，当评论家们争论艺术的社会功能以及它是如何丧失的时候，他们忽略了这个关键点。艺术真正的社会功能，也许是呈现创作的模式。这便是不同的艺术行为之间的多样性如此重要的原因。

这个事实本身就可以鼓励我们每个人为自己创造，无论以多么微不足道的方式。今天的学童接受的情感素养教育旨在帮助他们表达自己的情感。他们被教授一种语言以表达自身的感受和他人的感受。可悲的是，这种善意的做法无异于洗脑，因为它将一种语言强加在个人身上，强迫他们使用这种语言来代替自己独特的表达方式。这种教育的受害者无疑是文学、戏剧和艺术等科目。它们并不强迫儿童使用预先设定的语言，而是让他们接触从莎士比亚到毕加索、从 J. K. 罗琳（J. K. Rowling）到特雷西·艾明（Tracey Emin）的各种创造方式。儿童由此面对的是个体以自己独特的方式对挫折、悲伤和丧失的体验所作出的反应。而且，正如我们在"哀悼的对话"这一概念中所看到的，可能正是这一事实将会鼓励他们找到属于自己的方法来解决面临的困难。

精神分析学家吉内特·雷姆堡（Ginette Raimbault）观察到，作家、艺术家、诗人和音乐家的作品对于揭示哀悼者的普遍感受非常重要，但这并不意味着他们都会有相同的感受。相反，"没有人能够理解让我痛苦的东西，但有人能够以这样的方式表达出来，让我可以在我无法分享的东西中认出自己"。

我们找不到比艺术家索菲·卡尔（Sophie Calle）的作品更好的例子来说明这种哀悼的对话了。她的作品《痛》（*Exquisite Pain*）在某种意义上完美地诠释了弗洛伊德所描述的哀悼工作。在经过 92 天的旅程后，她来到新德里的帝国酒店与爱人见面，然而她收到了一封电报，上面写着他正在法国住院。原来，他的小病是分手的借口。而卡尔则被留在阴冷的酒店房间里独自承受着悲痛。《痛》包含了对那晚之事的 99 段不同的描述：电报、她打去法国的电话、她意识到他们的关系已经结束、房间的细节等。每一段描述都以不同的方式来讨论这些细节，就好像是在模仿弗洛伊德所说的以其所有不同的表象接近此对象的过程。每一段描述都是一份记忆，而力比多必须逐渐与之分离。

但这还不是全部。卡尔将她的每一段描述都安排在左侧的书页。右侧的书页是 99 篇文章，它们是卡尔的朋友和陌生人对"你什么时候最痛苦？"这一问题所给出的答案。作品的美就在于对哀悼过程的澄清。她自己的每一段描述都在与别人的描述进行着对话。仿佛卡尔需要别人的故事来处理自己的故事，甚至能够把自己的故事看作一个故事。在这一系列对话的最后，她的描述中开始出现一些评论，比如"没什么特别的""不是很多""是同一个故事""一个普通的故事"。这些事件正在失去它们的力比多负载，如同她的依恋能量正在逐渐减弱。现在，她自己的故事就像她从别人那里听到的其他悲伤故事一样，如同我们先前讨论的那家甜品店，它只是众多商店中的一家。

卡尔的这本书让我想起了一个著名的佛教故事。一个女人为她第一个也是唯一的孩子的死亡感到悲痛，她把他绑在胸前，不断地到各地寻找治愈他的方法。最后，一个圣人接待了她，并让她找一户没有死过人的宅院带一些芥子回来。她开始拜访各家各户，无论走到哪里，她最后都会听到关于死亡和丧失的故事。没有一户人家是例外的。当意识到自己并不是一个人在悲伤时，她终于可以让孩子的遗体安息了。

卡尔的作品如同一座桥梁，连接了弗洛伊德所描述的私人的哀悼模式和我们一直在讨论的主体间的公共维度，在前者中，对失去爱人的表征一直持续到精疲力竭的时刻。但是，其中到底是什么样的机制在起作用？这个过程究竟是如何运作的呢？在某些方面，它让人想起弗洛伊德所说的"歇斯底里的认同"。这种类型的认同不同于其他的认同，因为它并不假定我们与所认同之人有情感或爱欲的联系。当我们审视那些在失去亲人后对逝者的认同时，它们显然与我们和逝者的关系有关。但是，歇斯底里的认同并不依赖于密切的联系：最重要的是，我们与他人分享某些东西，我们处于或渴望处于与他们相同的境地。

想象一下在一所寄宿学校中发生的咳嗽的传染。当一个女孩收到了爱人的一封也许意味着分手的信时，她的反应是一阵咳嗽。很快，班上所有的女生都在咳嗽，但并不是因为她们对她这个人有特别的兴趣。相反，她们感兴趣的是她与男孩的关系，也就是她的处境。她们并不依恋她，而是依恋她的依恋。她们的症状表明，她们的处境与她一样，无论是在拥有爱人的意义上，还是在更深刻的感到失望的意义上。咳嗽在她们之间架起了一座桥梁，它建立在一种共享的缺失和一种无意识中共同的失望感的概念之上。

也许这就是哀悼的对话的运作方式。哀悼者在公共场合悲痛地呐喊，他们其实根本不需要与去世的名人或公众人物有任何联系。他们所依赖的是把自己置身于那些经历过丧失的人的处境中。哀悼者与自身的丧失之间的关系是通过另一个哀悼者与其丧失之间的关系来调节的。分析师会说，这样一来，缺失就成了一个对象。我们可以看到，这里的比较过程并不一定会导致新的症状。例如，哀悼的对话并没有把卡尔推向对那些对话者的认同，而是能够让她处理和解决自己的痛苦和困扰。如果说有什么新的症状，那也许就是作品《痛》本身的创作。

哀悼者之间无意识的交流可以阐明琼·狄迪恩的《奇

想之年》（*The Year of Magical Thinking*）一书的特点，在这本书中，她记录了自己对丈夫去世的反应。除了结构的精致和风格的优美之外，书中记录的不仅仅是内心感受的过程，更是文字创作的过程。这不仅仅是她丈夫去世的故事，也是她寻找文字来圈定它的故事。这本书以四行斜体字开头：

> *人生的变化如此之快。*
>
> *瞬息之间便已人事全非。*
>
> *你坐下来吃晚饭，你心中了然，生活已经画上句点。*
>
> *该如何来慰藉自己啊。*

虽然每一行都是指具体的内容，并在书中被展开，但它们在文本的不同时刻反复出现，不知为何，似乎这些话语既是意义的单位，也是实在的、无法被象征化的缺失之点的简单标记。读者明白，它们不仅是有意义的词，也是词本身，是一种物质元素，是不表达任何意义的东西，颇像一直重复的童谣。它们把自己强加给狄迪恩，而不是被精心挑选，这样的事实强化了人类语言的这种物质的、粗暴的功能。我们也可以在许多其他的丧失和悲剧的时刻发现话语的这种创造论的出现。

美国记者文森特·希恩（Vincent Sheean）在悼念挚友圣雄甘地的去世时，描述了话语在他脑海中闪过的两种不同方式。一种是单词发音的"普通方式","话语在内心中发出声音"。而另一种像"电传打字机纸带——话语在脑海中可见",通常听不到,但并不总是如此。它们大多来自莎士比亚和《圣经》,"每次都在突然的痛苦和难以忍受的真相的影响"下被抛入脑海。他坐在玫瑰园中距离圣雄安息之处不远的地方,诸如"我从深渊向他呼喊,他回答了我"这样的语句会异常清晰地将自身强加在希恩的脑海中,尽管他并没有努力唤起它们。

这种话语的奇怪绽开,也许是在试图命名最为实在的东西,即那个人的生命中被打开的洞。具有其意义网络和传统编码的一般性语言是不足够的;相反,在语言内部有一种对不同辖域的诉求,没有意义的词语、空洞的短语,甚至是一再重复的辱骂。狄迪恩和希恩的例子清楚地表明,这些话语是如何选择了作家,而不是被作家选择。它们有一种将自身强加给哀悼者的特质,仿佛是将他们与深渊隔开的一道屏障,于是它们毫无预兆地到来,绕过了我们认为可能支配着语言日常使用的认知机制。

这种对语言的物质性的强调,可能会与我们自己的丧失经历产生共鸣。我们目睹了话语如何在我们最无法忍受的地方汇聚,这一过程的清晰性赋予了像狄迪恩的作品这样的文学见证以额外的力量。这些文学作品不只告诉我们它是什么样的,而且实实在在地展示了话语如何运作,仿佛在我们眼前上演了悲痛的这一面。它们不仅向我们展示了一种丧失，还让我们看到了如何从丧失中创造出一些东西。

与卡尔和狄迪恩的例子相反，哀悼往往不会导致话语、叙事和艺术作品的创作，而是会在我们身体里产生新的症状，正如我们在周年纪念日反应现象中看到的那样。弗洛伊德在与他的病人伊丽莎白·冯·R（Elizabeth von R）一起工作时意识到了这一点，并在《歇斯底里症研究》（*Studies on Hysteria*）中作了描述。他写道，"这位女士在每年追悼亡灵的节日里追忆着她遭受的各种不幸，在这些场景中，她生动的视觉再现和情感表达使她能回忆起过去精确的日期"。她会在没有意识到具体日期的情况下，在丈夫的忌日那天痛哭流涕。

乔治·波洛克报告了一个年轻女子的案例，她的父亲在她十三岁时突然去世。她说，每天下午五点半丈夫下班回到家时，她就会开始抑郁。听到钥匙在锁芯转动的那一刻，这种感觉就会出现。她在分析中意识到，小时候她每天都会兴奋地等待父亲下班回来。虽然她在表面上否认了他的死亡，但她傍晚的抑郁实则代替了哀悼。在另一个案例中，一个男人的抑郁会在周二下午表现得最为强烈，他的母亲正是在他十四岁的某个周二去世的。这样的周年纪念日反应非常普遍，然而它们在大多数情况下都会被忽视，因为当事人自己并不知道其中的联系，而医生也可能不会留意到其中的无意识过程。

作家果戈里（Gogol）十六岁时，他的父亲生病了，并在两年后去世，年仅四十三岁。听到这个消息，他写信给母亲说："真的，起初我被这个消息吓坏了；但是我没有让任何人知道我很难过。然而当我独自一人时，我完全沉溺于令人疯狂的绝望中。我甚至想自杀。"这正是果戈里在二十多年后所做的，他在四十三岁时绝食而死。在去世前不久，他说他的父亲与自己死于同一年龄和"同样的疾病"。

分析师们关于周年纪念日反应的工作得到了人类学研究的支持。杰弗里·戈勒在研究工业化社会中哀悼仪式的衰落时，观察到了这种缺失如何对肉体本身产生影响。许多研究发现，在哀悼仪式最没落的地区，丧亲者的身体症状更为常见。对死亡的象征性、社会性阐述越多，哀悼者的悲痛就越能融入社会。当哀悼受阻或失败时，身体症状和躯体化就会出现。

波洛克指出，周年纪念日反应不仅会在丧亲者达到逝者的年龄时发生，也会在其达到与逝者有关的第三方的年龄时发生。他观察到，在父亲先于母亲去世的情况下，丧亲者的周年纪念日症状常常会在其年龄与父亲去世那年母亲的年龄相当时出现。而且，他们可能在自己的孩子到了父亲或母亲去世或与之分开那年他们的年龄时生病。我们在精神分析的实践中经常看到：一个人在成年后变得极度抑郁，但在最近的一段时间里，似乎没有发生任何有重大意义的事情。随着了解的增多，我们发现抑郁是由他或她的一个孩子的生日引起的，孩子现在的年龄与这个人在自己的童年时期经历丧失或悲剧的年龄相当。

这种铭记时间的方式非常常见，它不仅使用日期，还使用许多其他标记来索引过去。每当女演员比利·怀特洛听到流行歌曲《你是我的阳光》（You are my Sunshine）时，她就会被一种莫名的悲伤压倒。这种感觉会把她吞没，但她不明白为什么，直到大约三十年后，她的母亲提到，在父亲去世后，她会听着这张唱片哭泣，因为这让她想起了父亲的离去。从母亲那里得知这一点后，怀特洛便不再感到悲伤了。一种记忆的连接代替了这种周年纪念日式的反应。

波洛克认为这是精神分析的一个目的：让记忆代替周年纪念日反应。但他也觉得，某些丧失永远无法得到充分的哀悼，比如母亲面对孩子的死去。这对哀悼过程表面上的"结束"提出了一些问题。有记载的周年纪念日症状的流行表明，事实上，大多数丧亲者仍没有从他们的丧失中"恢复过来"。全科医生诊所的记录将会揭示这一点，许多病人会在他们上次就诊的同一周或同一个月回来，即使这些就诊间隔了好几年。身体不是在获取记忆，而是在纪念它们。

这些问题往往被哀悼过程的肤浅图景掩盖。无数的教科书告诉我们，人们在经历了丧失之后会有怎样的反应。首先是震惊的反应和麻木感，然后是对事实的否认，接着是一段时间的愤怒。愤怒可能会转变为一段时间的奇想，我们希望重新找到所爱的人。接下来可能是一段抑郁期，最后逐渐接受丧失。尽管这些表面描述可以提供信息，但它们几乎没有告诉我们其中涉及的机制，更重要的是，它们没有让我们注意到如我们讨论过的周年纪念日反应之类的现象。为了更好地理解哀悼的心理，我们需要超越单纯的行为描述，继续探索在这个痛苦的困难时期可能发生的无意识精神生活的变化。

这里首先要问的是，哀悼需要完成什么？我们应该做出规定，还是要接受不同的人情况会有所不同？哀悼的受阻频频发生，意味着我们不能回避这些问题。如果哀悼经常出现问题，我们就不得不问，它需要什么才能走上正轨。很多人一生都被困在永无止境的哀悼中。弗洛伊德观察到，哀悼的工作似乎实际上延长了我们失去的那个人的存在。当我们还在不断地回忆与失去之人有关的记忆，希望他还能再度回来时，又如何知道这样的心理过程该何时停止呢？

如果遍历这些细节，回忆和期望延长了失去的所爱之人的存在，我们可能会想知道，这如何与此过程会导致分离与距离感的说法相协调呢？是否还需要进一步发生些什么？在这个过程中，是否有一个时刻，被哀悼对象的存在陷入了非存在之中？弗洛伊德的表述似乎意味着，在某一时刻，我们依恋的所有方面都将被贯穿，它将遭遇到一个彻底的非存在的判断。这表明，除了弗洛伊德所描述的哀悼的实际"工作"之外，这项工作还必须发生一些事情。

精神分析师在这个问题上一直存在分歧：分析师玛格丽特·利特尔（Margaret Little）说："哀悼是为了生活。"尽管像海伦·多伊奇那样敏锐的临床医生能够说出哀悼的必要性，但她后来对任何内部过程的完成都持怀疑态度。同样，弗洛伊德也特意指出，丧失是永远无法被完全弥补的。在 1929 年写给宾斯万格（Binswanger）的信中，他写道："我们永远也找不到［丧失之后的］替代品。无论可以填补空缺的是什么，即使它被完全填补，那仍然是别的东西。事实上，这是它应该的样子，这是延续我们不想放弃的爱的唯一途径。"用厄勒克特拉（Electra）的话说，"永远不会忘记悲伤"。

但是为什么哀悼意味着遗忘呢？众所周知，阿尔伯特死后，维多利亚女王将丈夫的书房保持着他生前的样子，禁止改变任何一个细节。每天，他的床单都要更换，衣服要摆好，剃须水也要准备好。我们保留纪念品、物品和逝者的财产是为了让自己记得，而不是让自己忘记。事实上，遗忘往往被认为是不恰当的。谈到丈夫约翰·梅纳德·凯恩斯（John Maynard Keynes）的去世，俄罗斯舞蹈家莉迪亚·洛波科娃（Lydia Lopokova）说，为了把他留在身边，多年来她一直穿着他的睡衣入眠。然而后来她可以说："当他去世时，我承受了很多。我以为没有他我就无法过活。然而现在我不再想他了。"

丧失应该被修通，以便我们可以超越它们，这个陈词滥调表明哀悼是可以完成的。我们经常被鼓励去"克服"一个丧失，然而失去亲人的人和那些经历过悲惨丧失的人都清楚地知道，与其说是克服丧失并继续生活，不如说是找到一种方法使丧失成为生命的一部分。与丧失共存才是最重要的，作家和艺术家向我们展示了许多可以做到这一点的方式。但它的先决条件是什么？为了使哀悼能够发生，我们需要什么呢？

第三章

　　我们强调了他人在哀悼中的作用。他人如何表现对丧失的反应，对我们处理自身丧失的方式而言至关重要。但这种无意识的交易能走多远呢？在许多情况下，它可能会使哀悼开始，但不足以使它保持下去：这种势头一定有其他来源，在我们意识不到的哀悼过程中，还需要发生许多事情。这提出了一些关键问题：哀悼工作以什么样的无意识过程为特征？哀悼一旦开始，是否能真正结束？

　　那些与丧亲者和经历了艰难分离的人一起工作的临床医生注意到一个奇特现象。哀悼往往会被一些梦打上标点，这些梦与其他梦境不同，并不要求解释。它们更像是在表明哀悼者在这一过程中所处的位置，是对他们处境的一种映射。在这些梦中，经常会出现一个特殊的主题：门洞、拱门、舞台，以及其他许多用于框定空间的特征。

　　如今，精神分析并不接受任何梦的固定象征的存在。蛇在一个人的梦中可能会让人联想到阳具（phallus），但在另一个人的梦中可能会联系到与一条真正的蛇有关的童年场景，就像它可能代表这个人的某位家人或朋友一样。一个形象的含义取决于每个人的独特历史和每个梦的背景。当然，这种特殊性可能会与一个框架相连接，但这个框架在这类梦中的呈现确实显示出了一些超越任何象征概念的非常基本的东西：空间被分割了，而且它现在成了特别关注的对象。关于哀悼，这能告诉我们什么呢？

正如我们看到的，弗洛伊德对哀悼过程的描述包含了表象的穷尽的概念。丧失对象的那些表象被一次次痛苦地凸显出来，与之相联的记忆和希望也遭到了对象不再存在的判断。随着这一过程的继续，哀悼工作也将逐渐耗尽自身。但是，如何才能将这种过程与主体被诸多表象持续困扰的过程区分开呢？阻止弗洛伊德所描述的零碎过程（the piecemeal process）永远持续下去的东西到底是什么？如果这个循环会停止，它会在什么时候耗尽自身呢？正是在这一点上，框架的主题变得格外有趣。

一个框架分割了空间。而且，在非常精确的意义上，它吸引了人们对其边界内的所有事物的关注。想象一下观看落日，欣赏它的美丽。现在，想象我们在落日形象周围放置了一个框架。这将提醒我们所看到的是一个图像、一个表象，也许是文化教会我们视之为美的东西。我们可能已经迷失在风景之美中，但框架在说："这是一个表象；它是受制约的。"换句话说，框架让我们注意到所见之物的人为性。

18世纪的幽默作家们非常关注这种制约，他们嘲笑公众是如何被教导着把某些户外场景视为"自然"的。在简·奥斯汀（Jane Austen）的《诺桑觉寺》（*Northanger Abbey*）一书中，当我们看到凯瑟琳·莫兰把她在比兴悬崖看到的巴斯市贬低为"不值得成为风景的一部分"时，作者正是以此方式巧妙地唤起了这种人为性。"景观"的概念是由文化而非自然铸就的。当我们意识到这种框架时，图像已经转入了另一个层次：它现在栖居在一个不同的空间，即符号的空间，也是一个表象的空间。它不再仅仅是一个对象（夕阳），而是那个对象的表象。它位于另一个辖域中。

我们可以在文艺复兴时期的肖像画引入框架的独特方式中看到这一点。许多画作都在画面中加入了框架，比如《蒙娜丽莎》利用石柱或阳台的墙壁，或者有些画作以实际背景的景色创造了一个框架。俄罗斯评论家鲍里斯·乌彭斯基（Boris Uspensky）注意到，框架和背景在这里有着相同的功能：它们表明我们所看到的内容发生在一个人为的舞台上，在一个象征性的而不是真实的空间里。背景将按照一种不同于画作其余部分的艺术体系来绘制。主要人物的绘画使用特定的尺寸和比例，而背景则使用另一种体系来描绘风景，这种体系往往是在现实世界中找不到的。山脉、城堡和其他特征被置于一个不可能的空间，与人物形象的现实性和细节相冲突。同样的对比逻辑也适用于戏剧中老套的刻板角色的引入：他们通过强调自身的传统性来表示一种象征性的、非现实的元素。舞台布景、人物、框架或背景日益增强的常规性似乎体现了框架内的框架，向我们展示了我们如何处在不同的空间内。它们将我们的注意力吸引到了人为的辖域中。

这难道不是提供了一个线索，让我们了解需要发生什么才能让永无止境的哀悼停下来吗？毕竟，在弗洛伊德的描述中，有什么能表明我们不再被失去的对象所困扰呢？奥地利精神分析师弗兰兹·卡尔滕贝克（Franz Kaltenbeck）提出，也许丧失对象的所有表象都必须聚集到一个集合中：它们必须从表象过渡到另一个层次。这种转变意味着这些表象必须被框定：它们必须作为表象来表现。问题不再涉及我们认为自己在街上看到的形象，也不涉及我们以为自己在拥挤的房间里听到的声音的音调，或是在电话、门铃响的一瞬间我们期待出现的存在。相反，我们赋予某些表象以价值，让它们代表所有这些其他的表象。

在马塞尔·普鲁斯特（Marcel Proust）这个著名的例子中，茶水中浸泡过的玛德琳蛋糕的味道，或者他在威尼斯看到的一块开裂的铺路石，都成为一个通道，连接着那些与失去所爱相关的极为强烈的情感、思想和情绪。普鲁斯特大肆渲染的那些小细节已经成为记忆和丧失的象征，但如果现实中一个人的一切都是这样的状态，如果每一块铺路石都有一条裂缝，那会发生什么呢？正如一位忧郁症患者所说，他很害怕"过去会随时回来"，作为"一种精神状态甚至是身体状态，伴着悲伤、恐惧和绝望的愤怒"袭击他。

完全受过去的摆布是无法忍受的，因此，如果哀悼的工作得以发生，就必须选择某些精确的细节，赋予它们一种选任的权力：它们成为象征，代表其他那些思想和情感的链条，代替它们或取代它们。这表明了一种层次的变化：相比于被现实的每一个方面困扰，它找到了表现现实、清空现实和改造现实的方法，这两者之间呈现出了区别：后者可谓把现实变成了一个表象。正如上文那位忧郁症患者所说的，"我想把过去放在过去，但不要忘记它。我只是不想被过去抓住"。

英国精神分析师艾拉·夏尔普（Ella Sharpe）在她的临床工作中也注意到了类似的情况。她观察到，当一个饱受个人问题折磨的病人能够将这个问题在某种程度上与自己分离时，这总是一个重要的时刻。例如，一个吸毒者或恋物癖者也许花费了很长时间来谈论他们的症状，但是当这个症状作为一个元素出现在他们的梦中时，它的地位就改变了。它不再仅仅是一个简单的表象、一个他们日常谈话中的主题，它的层级现在已经改变：它作为表象的特质开始受到新的关注。用我们的术语来说，它已经从作为表象变成了作为表象的表象。

例如，在边界的意义上，框架、窗户或拱门使得人们看到的东西被定为一种表象。这一点与丧亲者梦中无处不在的舞台主题相呼应。这再次将注意力集中到了所上演的内容的人为性上，它不是作为自然场景，而是作为一种表象形成其特质。这种对一个动作或场景的象征性和人为性的强调，往往标志着漫长而艰难的哀悼过程中的一个进步。就像日落变成了有框的日落，它表明象征化已经达到了另一个层次、另一个不同的空间。现在，丧失被刻画在一个象征性的空间里。

因此，哀悼涉及某种人为的制作。这难道不正是纪念碑理念背后的原理吗？当一些可怕的悲剧发生的时候，［发生悲剧的］地点本身几乎总是会受到影响。例如，杰弗里·达默（Jeffrey Dahmer）或韦斯特家族（Wests）行凶的房子都不会被留下作为纪念。相反，为了成为纪念物，它们必须被改变：要么完全拆除，然后建立一个新的建筑物，要么进行一些修饰或改造。重要的是一些人为的事情发生了，一些标记空间的行为发生了。这种人为的制作也许是纪念碑最简单的形式。人们不会让这个空间保持在悲剧和丧失发生之前的样子。

这种对人为性的重视，或许可以解决一个长期以来一直让人类学家和历史学家感到困惑的难题。许多文化都有颠覆既定惯例的哀悼仪式。例如，男人必须打扮成女人，反之亦然，宴会的上菜顺序被颠倒，或者社会等级制度暂时倒置，奴隶成为主人。这些不同的做法产生了各种解释，人们总会试图在变化中找到象征意义。男人打扮成女人意味着他被女性化了，仆工做一天的主人暗示着愿望的实现，宴会上的颠倒顺序代表着世界被死亡颠倒了。虽然其中一些解释可能有价值，但它们难道不是漏掉了一些非常基本的东西吗？它们不正是忽略了框架概念所引人深思的东西吗？

这些做法通过颠倒既定的惯例揭示了社会现实的象征性和人为性。性别角色、社会等级和饮食习惯都可以被颠倒，因为它们是象征性的惯例。哀悼仪式在这一方面所做的是引起人们对象征维度的关注。群体中某个成员的消失深深影响了这一维度，因此群体的整个习俗和惯例都必须表现出被干扰的状态。在一些仪式中，在讲述了逝者的生平后，其所有亲属的生活都会被叙述，然后是祖先和朋友的生活，之后再延伸到整个村庄和邻近村庄的历史。这样一来，死亡不仅融入了逝者近亲的历史，也融入了整个社群的象征性世界。

除了个人实践的意义之外，这种转变也显示了社会象征结构在应对被丧失打开的洞时其本身的动员。死亡发生之后，被改变的不仅仅是逝者本人，言语、饮食、住房以及群体的所有活动都可能会被禁止和改变。一切都会受到影响，正如梅兰妮·克莱因在谈到有必要用每一次的丧失来重建个体的整个内在世界时所感受到的那样。在克莱因看来，这是内在世界必须被重建的标志，然而事实上，必须被重建的是整个约定俗成的象征世界。

这种对象征性的强调被艺术家托马斯·德曼（Thomas Demand）所阐释，他通过相机拍摄下了他用细致的、与实物大小相同的纸板模型重建的场景。德蒙德经常选择与丧失或悲伤有关的地点，一些无法被轻易象征化的创伤或错失机会的时刻，在用完全人为的方式将其重建后，他会将其拍摄下来。他的拍摄对象包括史塔西总部、通往杰弗里·达默公寓的走廊，以及刺杀希特勒未遂的地堡。批评德蒙德作品的人抱怨这种做法毫无意义：为什么他就不能直接拍摄原本的空间呢？毕竟，乍看起来它们是完全相同的。这就忽略了关键的一点：面对犯罪或悲剧的不可象征性，象征维度本身必须被调动起来，因此重点是人为的登记，这种登记遵循着与部落仪式中发现的颠倒相同的原则。德蒙德在向我们展示人为性是如何具有重要功能的。即使重建的空间看起来与原本的空间一样，但它们并不相同，因为它是人为创造的。

这里值得注意的是，哀悼和丧葬仪式即使被遵守，也经常会被参与者抱怨，这令那些希望在他们研究的民族中找到自然的典范的人类学家很不满意。一个偏僻村庄的居民可能会抱怨说："这一切都太做作，太没意义了。"西方人希望找到一个完全与自身和平相处的社会，这个社会的运作完全没有我们文化中存在的异化现象，但事实却令人失望。相反，我们发现其他社会也很强调人为性，尽管它对参与者来说很麻烦，但对哀悼的运作来说却是必要的。即使是在哀悼的向外展示如此重要的维多利亚时代，也不乏对相关仪式的嘲讽，专门生产最新丧服装束的连锁商店也一直是人们的讽刺对象。

这种对人为性的强调在我们开始使用语言的方式中得到了进一步的呼应。就像与饮食习惯、性别和社会角色有关的文化习俗一样，语言本身也受到惯例的制约。词语与它们所指的东西没有天然的、本质的联系，但我们学会了根据惯例使用它们。词语和事物之间存在着任意的关系，当儿童注意到这个基本事实时，便是语言学习的重要时刻。也许，儿童真正进入语言的时刻，并不是他们用词语来命名事物的时候，而是词语开始与事物和它们首次被使用的语境失去联系的时候。

指着天空中的月牙形物体说"月亮"并不表明孩子能够言说，指着盘子里的一片葡萄柚说同样的词语亦是如此。相反，当孩子可以把这个词语的用法转移到其他不太相关的语境中时，言语才起作用。词语自主运作，距离最初的指示物越来越远。这意味着并不是在儿童指着狗说"汪"的时候，而是在他指着猫说"汪"的时候，语言的象征性和人为性的维度才会建立起来。这表示儿童进入了一个新的、象征性的空间。他已经明白，是惯例支配着词语的使用。

这正是我们在儿童恐惧症中看到的。一只狗或一匹马突然成了恐惧的对象，随着对其起源的追溯，我们会发现这些动物并非来自儿童的"自然"环境，而是来自故事书中的人造世界。换言之，他们选择了一种极富象征性的动物。然后这些动物开始做一些真正的动物不会做的事情：它们伸张正义、发出威胁，它们会责骂，有时甚至会奖励。通过不断改变自身的功能，它们与真正的动物拉开了距离，成了符号而享有特权，并与最初的指示物隔绝开来。任何真正的狗或马都无法做到这些恐惧症的创造物现在所做的事情。而孩子往往会确保这些动物的人为性被传达出来。弗洛伊德讨论的患有恐惧症的五岁男孩小汉斯，他在纸上画了一只长颈鹿后把它揉皱了，并宣布这只新兽为"皱巴巴的长颈鹿"。任何自然保护区里都无法找到"皱巴巴的长颈鹿"，它只能通过词语和象征性的惯例来创造，而汉斯的作品恰恰强调了这个象征性的、人为的维度。

这样的象征性实体为什么会出现在恐惧症中？汉斯面临着一个难题。一个小妹妹出生了，而他开始经历第一次勃起。这些因素让他的世界陷入了混乱，他的恐惧症是重新塑造自己的世界、重新组织一切的一种尝试。他害怕的那匹马就像超级英雄一样，在关键时刻赶到，使普通人类免于犯罪或威胁。但它帮助汉斯的方式不是消灭他的敌人，而是重新安排他的日常世界。对马的恐惧决定了他能去哪里或不能去哪里，可以做什么或不可以做什么。随着恐惧症的发展，他的世界的每个元素都以这样或那样的方式与之联系在了一起。

这与哀悼工作有一种奇怪的呼应。正如严重的恐惧症会逐渐涉及个体现实的方方面面一样，哀悼也会贯穿个体世界的所有组成部分。恐惧症涉及以元素重组工作定位新的象征性结构，这个结构会应对那些难以处理的事物的出现。我们在这里看到的是一个非常基本的机制，当我们经历丧失时，这个机制就会启动。人们通过诉诸象征性的维度来解决丧失带来的问题。因此，我们在哀悼仪式和恐惧症中都注意到了对人为性和表象的强调。正如我们在恐惧症中会看到表象作为表象的特性的凸显（被小汉斯揉皱的长颈鹿），我们在哀悼中也会看到某个表象（框架或舞台）的符号学（semiotic）特质的强化或加强。这标志着从所谓的现实（所爱对象的现实）的表象到该现实的表象之表象的转变。它现在栖居在一个象征性的空间里。

这正是我们在弗洛伊德《梦的解析》中发现的，他在书中研究荒诞和矛盾。弗洛伊德问，为什么有些梦看起来完全是荒诞的，绕过了一切意义规范？这样的梦境包含了现实中永远找不到的元素或情景的组合。它们创造的东西无非是人工的混合物，但与其简单地在这些奇怪的创造物中寻找隐藏的象征意义，为什么不把它们看作人为性本身的象征呢？通过指出自身的人为性，它们向我们表明，有些东西是无法被思考透彻或被象征化的。而弗洛伊德所举的荒诞梦境的例子，几乎都发生在丧亲和死亡的背景下，这无疑很重要。其中最著名的梦境是关于一个死去的父亲，他不知道自己已经死了。处理父亲的死亡的不可能性，转化为梦境的荒诞基石。

我们在许多艺术创作形式中都看到了这种无法被透彻思考和象征化的东西。举个最近的例子，土耳其艺术家库特鲁·阿塔曼（Kutlug Ataman）以其对边缘化或被排斥在群体之外的普通人的故事的兴趣而闻名。在泰特美术馆展出的作品《十二》（*Twelve*）中，他拍摄了土耳其东南部一个小村庄的六名村民，并讲述了他们的生活和他们对转世的信仰。这些历史的细节让我们得以进入这个封闭的、陌生的世界。此外，他还为艺术天使（Art Angel）在伦敦制作了装置艺术作品《库巴》（*Kuba*），这件作品由大约100台显示器组成，每台显示器都播放着一段对棚户区不同居民的长片采访。当我们被这些个体的故事和叙事吸引时，我们会意识到自己不可能把它们全部掌握。它们不可能被完全囊括，只能以零碎的方式逐一地被包含。虽然这件作品是对每一个被采访者的特殊的、独特的生活展示，但它也涉及它们如何被聚集成一个集合，正是这个行为传达了一种不可能感。它们根本不能一下子被接受、消化和囊括。然而与此同时，作品本身却呈现出了另一点：他们所有故事的集合。

我们在塞巴尔德（W. G. Sebald）的作品中也看到了类似的过程，一位精神病学家将其描述为"对抗抑郁药物的反抗"（anti anti-depressant）。塞巴尔德的书专注于看似随机的、偶然的细节，比如他发现的一张老照片或遇到的一面石墙，并探索它们的历史。当这样做的时候，他选择了微小的而不是强大的历史人物作为向导，他让人们关注的不仅是照片或石墙背后的个人生活，还包括一种更为基本的不可能性——将构成人类文化的所有细节背后的所有生命囊括在内的不可能性。如果一堵石墙可以引出一个有关丧失和缺失的真实故事，那么想象一下，如果我们开始以同样的方式思考每一堵石墙，会发生什么呢？人类文明就会变成一个巨大的洞，一个塞巴尔德用其作品为我们唤起的深渊。他的作品所表现的正是这个难以想象的空洞。

我们在梦中也可以找到显示哀悼正在进行的第二个元素。哀悼者经常会梦见自己杀死了他们为之悲恸的那个人。这可能会让做梦的人感到恐惧和困惑。他们究竟为什么会梦到自己杀死了所爱的人呢？这引起的恐慌有时甚至会促使他们去找一位分析师或治疗师。这样的梦境是想表达什么呢？是梦者压抑的愿望？还是别的什么？

在电影《霹雳钻》（*Marathon Man*）中，达斯汀·霍夫曼（Dustin Hoffman）饰演一位年轻的历史系毕业生，他在二战结束多年后被卷入了一场纳粹走私钻石的阴谋中。劳伦斯·奥利弗（Laurence Olivier）饰演的邪恶牙医为了知道从保险箱里拿走珠宝是否安全，对他进行了严刑拷打。在这个过程中，我们得知霍夫曼的父亲是麦卡锡反共政治迫害的受害者，并自杀身亡。父亲用来射杀自己的那把手枪一直被霍夫曼保存在办公桌抽屉里，观众不断地被提醒，这个儿子还没有完成对逝去父亲的哀悼。

在最后一幕中，霍夫曼和奥利弗进行了打斗，纳粹牙医被他杀死，只有在这个时候，霍夫曼才能拿起父亲的枪并扔掉它。这个顺序表明，只有当他杀死了父亲——由年迈的奥利弗所代表的父亲——他才能真正开始摆脱父亲的鬼魂。从某种意义上说，他杀死逝者是为了让真正的哀悼能够开始。

弗洛伊德认为，哀悼的工作包含一个宣告，即丧失的对象已经死亡。在给欧内斯特·琼斯（Ernest Jones）的一封信中，他指出哀悼的工作包括"把对现实原则的认识带到力比多的每一个点……然后人们可以选择让自己死去或承认所爱之人的死亡，这又一次接近你的表述，即一个人杀死了这个人……"。克莱因认为，哀悼事关证明我们没有杀死逝者，而对弗洛伊德来说，正是象征性地杀死逝者，哀悼才得以发生。

但为什么一定要杀死逝者呢？如果我们把弗洛伊德的话当真——我们总是责备所爱之人的离去——我们希望他

们死掉的想法也许就有了一个很好的理由。我们对他们的愤怒将以一种要求自身被表达的死亡愿望的形式表现出来。我们需要先让这种愿望得到表达，然后才能缓和与逝者的关系。但这真的是最令人信服的解释吗？

哀悼所涉及的远不止实际发生的生理性死亡。它也意味着让某人象征性地安息。当一个人去世后，我们常常表现得好像他还没有完全死去一样。我们围着棺材低声交谈，并小心翼翼地不用恶毒或不敬的言语来诋毁逝者。人类学家研究的丧葬仪式也显示出同样的防范措施：必须采取一切方法确保逝者不会回来报复我们。沉重的棺材盖或绑在尸体上的石头、打断腿骨使其无法动弹、阻止他们攻击的咒语和护身符，以及各种各样的祭品和冥币，所有这些都具有缓和与保护的功能。

珍贵的物品往往与逝者一同被埋葬，以确保让他们开心并分散其注意力，捆绑尸体四肢的习俗曾被理解为一种谋杀仪式的标志，但现在很多人认为，这很可能是为了确保让他们不再回来而采取的措施。埋葬财物与其说是一种敬意和尊重，不如说是一种防范。许多文化要求逝者的遗体离开自家房屋时不能走正门，因为这样会招致它回来。它必须通过墙上一个特制的洞离开，然后这个洞会被迅速重新封死。在一些仪式中，送葬者以之字形的方式跑离坟墓，以躲避逝者的鬼魂。坊间传说也佐证了这一点，一些土著文化将白人的到来视为逝者的回归，因为这些白人似乎非常渴望杀人、害人。

与此同时，从一直流行的僵尸电影到无数的食尸鬼和吸血鬼故事，我们的文化充满了逝者从未完全死去的故事、书籍和电影。这种关于逝者的万物有灵论作为另一个标志，再次表明在某种层面上，我们相信逝者总是随时准备着回来。为了阻止这一切，不死族需要死去，除了贪婪的吸血鬼形象外，我们还会看到渴望被好好安葬的悲伤厌世的吸血鬼形象，这一点非常重要。

杀掉逝者是流行文化中许多其他方面的核心。现在有哪部好莱坞大片中的反派会只死一次呢？即使故事与恐怖或科幻类型无关，如今电影中的坏人也总是会被枪击、刀刺、焚烧、淹死，或从某个高处被扔下，然而这第一次的"死亡"并不会杀死他们。他们总是在晚些时候回来威胁英雄，所以必须被第二次杀死。与其认为这是一个引起悬念的廉价伎俩，不如将其视作让逝者安息的基本机制：为了让活着的人感到安全，逝者必须死两次。

因此，现实的生理死亡不同于完全的象征性死亡。人类学家罗伯特·赫尔兹（Robert Hertz）记载了哀悼和丧葬仪式之间的差异。许多民族都用仪式来处理这种差异，当判断逝者已经到达真正的目的地并最终安息时，人们会举行第二次丧葬仪式。希腊悲剧充满了这样的事实：生理性死亡与象征性死亡并不总是一致的。为了使象征性的死亡发生，逝者必须被放逐，并被困于某地。他们必须在其祖先的世界中占有一席之地，或者从更广泛的意义上说，在逝者的世界中占有一席之地。有些民族会在逝者周围画一个圈以限制他们，并恳求祖先接受他们，把他们留在那个世界。逝者被重新安置，在社会群体中被赋予新的角色和功能。

我们在基督教的传统中也发现了同样的分裂。宗教改革运动的思想家的一个主要问题是，在死亡和最后的审判之间发生了什么？在这段时间里，灵魂是清醒的、活跃的，还是沉睡的？在这两极之间的生活是怎样的？在身体死亡之后，灵魂是否甚至不再作为一个独立的实体存在？这些争论表明，生理性死亡和安息绝不是一回事。灵魂在死亡时离开身体，升至天堂或堕入地狱甚至是炼狱，在灵魂之域等待最后的审判，这个通常的观念让许多思想家难以接受，因为它留下了太多未解答的问题。什么是沉睡？什么是真正的死亡？消亡和存在的短暂休止之间有区别吗？灵魂会假死吗？

这些迂回曲折的困境解释了哀悼者的那些杀死逝者的梦境。它们表明逝者现在已是第二次死亡：可以说，他们又一次死了。第二次被杀代表着从经验性的生理死亡到象征性的安息。这也可以解释为什么这样的梦境在哀悼过程中往往是一个积极的信号。

今天，现实的死亡和象征性死亡的区别或许让我们感到困惑，因为这种顺序似乎常常是颠倒的。并非生理性死亡先于象征性死亡，而是象征性死亡最先出现。临终场景过去通常发生在家和社区里，但如今越来越多地发生在医院中。如今，逝者在社区离世的概率不到五分之一。病人与他们常用的基础设施分离，通过各种技术和药物手段维持生命，在身体真正放弃灵魂之前，他们就已经象征性地死去了。

另一方面，一旦他们在生理上死亡，而非象征性安息的时候，我们就会越来越努力地让逝者与我们同在。在我们的文化中，立即销毁逝者的财物似乎很奇怪，但在许多其他的文化中，这种做法很普遍。在某些文化中，逝者的所有物件和纪念品都会被销毁，而在我们的文化中，我们有保留它们的习惯。就好像如果我们扔掉这些物件，就等于放下了对这个人的记忆。逝者的影像和声音甚至也被保留下来。新的互联网纪念网站提供了一种现场纪念，我们可以看到逝者的形象，听到逝者的声音。电视节目纪念去世的名人，在我们这个时代，一个庞大的纪念产业已经出现。今天，人们不再认为必须在生者和逝者之间划清界限，我们被鼓励与逝者保持亲密的关系。

这似乎是一件好事。我们已经看到，如果丧失得不到哀悼和表征，那将造成多么灾难性的后果。然而与此同时，我们需要对我们被鼓励追求的这种亲密予以思考。它反映在大量关于其他社会如何进行哀悼的错误信息和神话中。我们经常被告知，在非洲或亚洲的文化中，逝者如何一直与生者同在。我们被告知，逝者只有在西方才会被遗忘。但这在很大程度上是不真实的。我们已经讨论过的许多非西方哀悼仪式的一个共同特点，正是他们对于驱逐逝者的努力。逝者不再与生者共存一处，而是必须保持一定的距离。与逝者的他异性替代了连续性。

然而另一方面，逝者在这些文化中并没有被遗忘，因为社会群体对他们的消失进行了登记。仪式将丧失铭记在团体内，而不是将它作为一种个人经验。葬礼仪式有以下功能：把死去的、不得安宁的存在变为真正的祖先。正如人类学家所观察到的，整个仪式的存在是为了证明逝者不会自动成为祖先。哀悼和丧葬仪式过后，社会结构发生了变化，正式的规则支配着新的祖先序列与后代的关系。其中的关键是，逝者被安置在了祖先的行列中。他们的权利和职责被重新分配，其功能也被重新配置。在这里，亲缘关系比连续性更重要。逝者不是通过与生者的交流存在，而是通过社会群体的重新排序存在。

这种重新排序总是涉及一种分离，即当下的日常世界和我们讨论过的象征性的人为空间的分隔：这是小汉斯画的长颈鹿与他接下来创作的"皱巴巴的长颈鹿"之间的区别。这也是为什么那么多的哀悼仪式会包含对社会传统习俗的颠倒，如同我们之前讨论过的那样。正如莉萨·阿皮格纳西（Lisa Appignanesi）所写，只有通过纪念逝者，我们才能真正地失去他们，而这种纪念意味着个体世界的象征性被重新排序。当我们这些西方人随意说起土著文化中对鬼魂的幼稚信仰以及与逝者的交流时，我们其实是在说自己的文化。无法与逝者分离的是我们，不是他们。

杀死逝者是哀悼的一个重要方面。但我们对活着的人——尤其是我们最爱的人——所怀有的死亡愿望呢？弗洛伊德的弟弟在八个月大的时候去世，当时弗洛伊德约两岁大。他给朋友威廉·弗利斯（Wilhelm Fliess）写信说，这个丧失满足了他希望竞争对手死掉的愿望，这引起了他的自责，这种倾向从此一直伴随着他。在成长的过程中，挫折和失望不可避免地让我们产生了［让某人］死亡的愿望，这些愿望被强力推出意识之外。它们构成了我们无意识心理生活的一部分，出现在口误、症状或梦境中。当所爱的人死去，我们在某种程度上难道不会觉得自己对此负有责任吗？我们曾经希望他们死去，而现在它发生了。就好像他们是因为我们的愿望才会死去一样。

我们精神生活中的这一难题构成了杀死逝者之结（the knot of killing the dead）的另一条线。也许我们需要将这些愿望表征化，以便不那么纠结于它们及其产生的罪恶感。一旦我们看到自己杀死了逝者——就好像上演了一场谋杀——我们就更容易哀悼他们。在某种程度上，我们已经接受了自己的矛盾情感。当然，如果我们的内疚感太过强烈，就会出现问题。对死亡的愧疚感会把我们淹没，尽管这种感觉常常会被有意识地体验为焦虑或疲劳，而不是直接的内疚感。

在我们的意识中，弗洛伊德的这些观点可能会显得很牵强，但文化仪式却显示出人们对它们的重视程度。对死亡愿望的处理方式大致有两种：一种是"无罪的喜剧"，将罪责尽可能地从最初的人身上转移；另一种是惩罚仪式，无论他们的实际情况如何，他们都被判定有罪。"无罪的喜剧"最好的例子是古希腊为纪念宙斯而实行的宰牲节（Bouphonia）。一队牛群被驱赶到一个放着谷物的祭坛周围。屠夫用斧头砍死第一头咀嚼谷物的牛之后便逃跑了，而这头牛则被肢解并被吃掉。随后一场审判开始了：运水擦洗斧头的人指责磨斧头的人；继而磨斧头的人责怪递斧头的人；递斧头的人指责屠夫；屠夫责怪用来肢解牛身的刀子；刀子无法为自己辩护于是被扔进了海里。审判过后，这头牛的牛皮被塞满，并被抬起来套在犁上。通过这次复活，谋杀被象征性地废除了。

谋杀的罪行在这里被双重移置，不仅通过审判中责任的转移，而且通过第一头牛吃谷物的明显"有罪"的行为。这种做法试图通过把一个任意的、不可预测的行为置于整个过程的源头，将其作为之后杀牛的犯罪行为的一种不在场证明或障眼法，从而消除自身的罪恶感。我们可以在现代小说中找到类似的逻辑。例如，想想帕特里夏·海史密斯（Patricia Highsmith）的小说。她一次又一次地描写几个角色想要谋杀某人的情景。他们苦思冥想数月或数年，以最为精确和勤奋的方式密谋与计划。然后，就在他们准备实施谋杀行为的时候，一些偶然的意外发生并杀死了目标受害者：一块砖头掉下来砸在了他们头上，或者他们摔倒了，又或者其他人杀死了他们。在海史密斯的宇宙中，动机和行为不能同时出现在同一个地方：死亡愿望和谋杀通过与故事关系不大的偶然因素的介入而保持分离。

在那些从一开始就假设哀悼者有罪的文化仪式中，哀悼者不可能对逝者怀有死亡愿望的假设被颠倒了。当一个人死亡时，幸存的亲属会被自动地施加一系列的惩罚，好像他们必须为自己在死亡中的作用而受到谴责。例如，一些非洲社会对哀悼者施以暴力，侮辱他们、殴打他们并羞辱他们。这似乎是将负罪感外化了。当所爱的人死亡时，哀悼者未经任何审判就被视为有罪。群体表现得好像这个人有罪一样，从而预先阻止他们陷入自己无意识的内疚之中。社会群体在哀悼者有机会惩罚自己之前就惩罚了他们。

这些力量如此强大，以至于许多文化中都有严格的禁令，禁止哀悼者伤害自己。宁可被集体惩罚，也不要惩罚自己。《旧约》载有禁止自残的规定，希腊法律也有相关条文以防止妇女在自己的身体上复制在亲人遗体上发现的伤口，即使在今天，也有无数文化见证了死后发生的自残、殴打、责骂和痛苦。通过由群体履行这一功能，哀悼者得以保护自身免受自己的伤害，而他们的悲伤则被铭刻在社会结构中。至关重要的是，哀悼者被认定有罪。

一位在肯尼亚进行田野调查的民族学家正在研究一个村庄的哀悼过程，她不得不送她的两个孩子踏上返回达喀尔与他们父亲团聚的漫长旅程。当她送他们上公共汽车时，村里的妇女们聚集在一起并开始辱骂她。她怎么能这样？她到底是个什么样的母亲？什么样的怪物会抛弃自己的孩子？经过几个小时的责难，这位民族学家泪流满面，再也无法忍受这些辱骂，对这些妇女大发雷霆。然而她们立刻开始大笑起来，对她说把孩子送走是对的。这些侮辱似乎是为了保护她，使她免于自责。

内化与外化之间的这种博弈对哀悼过程至关重要。在"巨蟒"喜剧组合①的成员格雷厄姆·查普曼的追悼会上，哀悼者聚集在一起，聆听严肃且充满悲痛的致辞。当轮到约翰·克莱斯发言时，他以庄严的开场白开始，然后把他失去的朋友描述成一个不劳而获的混蛋，接着又是一连串的侮辱。接踵而来的笑声如此之大，以至于很难听到发言

---

① "巨蟒"喜剧组合（Monty Python），1969 年成立于英国，由格雷厄姆·查普曼（Graham Chapman）、约翰·克莱斯（John Cleese）、特里·吉列姆（Terry Gilliam）、埃里克·艾多尔（Eric Idle）、迈克尔·佩林（Michael Palin）和特里·琼斯（Terry Jones）组成。他们的作品包括电视节目、电影和舞台剧等，以幽默、荒诞和讽刺著称，曾对英国喜剧界和国际喜剧产生深远影响。"巨蟒"喜剧组合也被视作英国文化的象征之一。

的其他内容：每个人都歇斯底里。他对查普曼过早的离世表示了愤怒，这种愤怒潜藏在所有爱查普曼的人身上。

杀死逝者是解开与他们之间纽带的一种方式，它将逝者放置在一个不同的象征性空间。在此之后，与生者建立新的联系将变得可能，但这将始终遵循每个个体特定的过程。家人和朋友可能会给哀悼者施加压力，让他们出去见见新的人，但个体的哀悼时间必须得到尊重。然而，当对逝者深深的忠诚阻碍了任何与生者有联系的表达时，问题就会出现。

这种忠诚可能源于我们前面讨论的内疚感。我们无意识的恨被倒转为一种压倒性的对逝者的亏欠感。围绕着花多少钱购买棺材或葬礼服务，可能会产生严重的拖延。然而如果逝者生前计划好了葬礼的费用，那么这个费用总是会更昂贵，这一事实使得围绕花费的拖延并不会令哀悼者感到愉快。在瑞士，由于是国家买单，这个问题得到了解决。然而葬礼的一些小细节总是可以为这些情感服务，就好像对逝去的亲人的基本矛盾情感被转移到了选择棺材、鲜花或点心等实际问题上。这给我们带来了一个关键的问题，我们在临床中一次又一次地看到它：当不同维度的忠诚变得混乱时，它将成为哀悼者的一个可怕的负担。忠诚总是意味着某种债务感，但我们与债务的关系可以是多种多样的。在丧失之后，这个关系尤其复杂，因为大家有一个普遍的信念，即我们必须对逝者有所给予。

但我们是为了什么而付出代价呢？有两种形式的债务：一种是可以偿还的债务，与公正天平挂钩；另一种是不能偿还的债务。我们可以欠某人某物，然后将其偿还。但有些东西我们是无法偿还的，例如我们被带到这个世界上，或者我们的生命被拯救。前者会产生一系列的平衡和等价物，后者则有一些绝对的东西，与量化背道而驰。

当债务的这两个维度被混淆时，在哀悼中会出现一个严重的问题。如果两种债务之间的界限模糊不清，哀悼者会发现他或她处于一个可怕的境地。他们如何偿还无法偿还的债务呢？在一个案例中，一个男人就如何报答生父的问题持续地折磨自己，以至于在生父死后数年内，他总是绝望地撕扯自己的身体。他会拔掉自己的头发，痛打自己。他母亲是个放高利贷的人，她不厌其烦地向他指出，她为他买的每一顿饭、每一张车票、每一本课本，都让他欠下了对她的债务。对她来说，儿子的存在仿佛被记录在一个账本上，这笔账必须被偿还。母亲培养出来的可怕债务感已经吞噬了他与已故父亲的关系，这个慈爱的男人从未试图让自己的儿子为其自身的存在感到内疚。

债务的这两个维度相混淆，足以对哀悼过程造成严重干扰：即通常所说的病理性哀悼。个体会感到自己既无法还债，也不能对债务置之不理。在某些情况下，当我们有机会与自杀未遂的人交谈时，他们会告诉我们，自杀行为似乎是摆脱向他们提出索赔的可怕感觉的唯一途径。在另一些情况下，这种困惑表现为对葬礼要花费多少钱的无休止的质疑。有时，临床医生通过强调债务的象征性与不可逆性，能够对此作出有效的干预。

告诉病人他们已经付出的足够多了，或者他们应该放弃偿还无法偿还的债务，这可能是出于善意，但在某些情况下，这种做法可能会让病人再次试图自杀，以向临床医生表明他或她的债务无法被根除。因此，我们有时必须认识到有一笔无法偿还的债务，这很重要。表达这种债务感并详尽地阐述它必须与偿还它的想法区分开。

如果逝者自己似乎要求偿还债务，那么这种债务感和由此产生的困惑可能会加剧。许多文化会将一些死亡方式污名化，认为它们是不恰当的。逝者本不该死。在一些非洲社会中，父母其中一方死亡之后出生的孩子会被取名为"没有希望""空洞"或"没人想要他"等，以假装生者对其不感兴趣，从而更好地保护他们免于逝者要求偿还的索取。同样地，父母一方去世后，孩子可能不得不改名，以防止鬼魂回来带走他们时被认出来。

历史学家让-克洛德·施密特（Jean-Claude Schmitt）在他的书中谈到了中世纪的鬼魂，它们总是会回来为大众祈求、施舍或祈祷，以改善它们在来世的处境。它们需要被释放，并被象征性地安葬，但它们的死亡情形阻止了这一点。未办理葬礼、死前没有进行忏悔，或者后来没有让孩子接受洗礼，都会导致它们处在停滞的状态。如果没有完成通常的哀悼仪式，逝者就会受苦，并让生者看到自己。鉴于这种情况，它们会在不同的时间出现，这些时间与礼拜仪式的细节、死亡日期和节日的日历相关。也许，相比于今天的我们，中世纪的人们对周年纪念日的反应会更加警觉。当事情出错时，他们会以一种在今天可能只有迷信的人才会用的方式查看他们的日历。

逝者总是想从生者那里得到一些东西。有趣的是，中世纪的宗教经文给那些受鬼魂困扰的人提供了与当代心理治疗专家完全相同的建议。当可怕的幽灵出现时，逝者的家人被建议去问它想要什么。因为鬼魂成为鬼魂总是有原因的——有些东西还没偿还，或者有些精神债务还未被解决——唯一能够正确摆脱它们的方法就是找出问题的症结所在，然后设法解决它。今天，当一个孩子抱怨夜间有鬼魂和食尸鬼来访时，有着心理学头脑的临床医生很可能会做同样的事情。在被问到他们认为鬼魂想要什么时，孩子常常很惊讶，这个问题对改变他或她对情境的想象很有帮助。

哀悼的第三个要素涉及其对象。这似乎显而易见：我们哀悼我们失去的人。但无论是弗洛伊德、克莱因，还是拉康，他们都不认为这是一种必然。在《哀悼与忧郁》一文中，弗洛伊德观察到，在我们失去的人和我们在他们身上失去的东西之间可能存在差异。这种美丽而细腻的差别表明，也许只有当我们能够分清这两个维度时，哀悼才能真正地取得进展。

以关于幼年时期哀悼的争议为例。一个失去父亲或母亲的两岁幼童，我们能说他会为了失去的亲人而哀悼吗？人们经常注意到，失去父母一方的幼儿可能会继续他们的日常活动，不会哭泣，也不会退缩到心事重重的地步。许多研究人员也惊讶地发现，这些孩子有时看起来情绪非常好。毕竟，感觉良好是一种情感上的否认：如果我们不感到难过，那么就没有什么不好的事情发生。直到很久以后，在他们十几岁或二十几岁的时候，悲痛才会袭来，然而他们通常并不会意识到此时的悲痛与最初的丧失有什么联系。在他们的朋友或家人圈子里，一段恋爱关系的破裂或某人的死亡，都会点燃童年时被封锁的悲伤。这样的进程已经被充分记录下来，它提出了一个问题，即幼儿是否能够像成人那样进行哀悼。

一些研究人员认为儿童无法哀悼，因为他们还没有获得死亡的真正概念，然而我们可以问，成年人是否就理解得更好呢？同样地，我们也一定会找到许多失去亲人的成年人，他们没有表现出任何悲伤或哀悼的迹象。在经历丧失之后，他们继续着自己的生活，仿佛什么事也没发生；他们照常出现在工作岗位上，继续着自己的爱好和兴趣，避免谈论已经发生的事情。如果儿童不能哀悼，那么这些成年人是否只是从未长大的孩子呢？或者他们是否有一些共同的防御机制或匮乏，我们可以对其进行定义和解释？

关于儿童哀悼的观点仍然存在分歧。有些人说，哀悼确实发生了，并指出我们可能没有注意到儿童哀悼的微妙方式。也有人认为，孩子在这么小的年纪，对失去的亲人还没有形成足够的认识，无法真正地悲伤。在他们真正意识到一个对象（或一个人）是什么之前，我们无法说他们在哀悼一个对象。这个相当简单的观点表明，也许只有当我们能够为自己构建一个关于对象（或人）是什么的概念时，哀悼才是可能的。与其说这是对死亡是否有充分认识的问题，不如说是对一个人是否有充分认识的问题：也许，其中已经包含了丧失的概念。

这或许可以解释曾经流行的一种观点，即哀悼只能在青春期之后发生。虽然这在临床上是不正确的，但其背后的逻辑却很有启发性。我们被告知，青春期是我们哀悼父母的时期：我们放弃了对他们的依恋。这段痛苦的时光就像"试验性哀悼"，是开始处理丧失的过程。当我们后来经历了分离或死别时，我们可以把它与青春期经历的事情联系起来。这一观点的价值在于，它表明一个丧失必须与另一个先前的丧失相联系。只有当我们已经失去了某些东西时，我们才能哀悼。

这正是克莱因和拉康的观点。拉康认为哀悼涉及他所谓的"对象的建构"过程。这似乎令人惊讶，因为我们原以为哀悼涉及的正是相反的东西：意识到对象已经不复存在。但是拉康认为，哀悼涉及对象的建构。正如精神分析学家让·阿鲁什（Jean Allouch）所指出的，这种"建构"对象的思想与克莱因的表述相呼应，即"只有当对象作为一个整体被爱时，它的丧失才能作为一个整体被感受"。

这些表述是什么意思呢？它们与现实中的哀悼情况又有什么联系？在一些理论家看来，对于对象有一个整体的概念，意味着我们已经掌握了对象的恒常性：我们对另一个人有一个稳定的感觉，尽管这个人前一刻还在这里，后一刻就不在了，但他仍然是同一个人。克莱因有一个更详细的观点。在她看来，在生命之初，我们就会与周遭环境中我们认为好的与坏的方面发展出不同的关系：有一个令人沮丧的乳房和一个令人满意的乳房，而不是一个时而满足我们、时而挫败我们的乳房。当我们意识到这些先前分裂的属性实际上限定了同一个客体时，我们就会对一个客体产生真正的感觉：乳房既是令人沮丧的，也是令人满足的。

拉康的想法有所不同。对他来说，构建一个对象意味着在精神上登记了一个空位，即我们渴望的对象明确地失去了。我们不仅内化了父母，也内化了父母的缺席。更确切地说，我们内化了与父母相关联的某些对象的空位，比如我们已经放弃的乳房。我们在生活中觉得有趣和有吸引力的对象——情人、朋友——都会进入这个根本的空位，这就是他们的吸引力所在。构建一个对象意味着把那些对我们来说很重要的人和事物的形象与它们所占据的位置分开。克莱因和拉康因此有一个共同的观点：要使哀悼得以运作，对象——以及对象的位置——必须被建构起来，而这种建构从来不是给定的。

不论这个观点看起来多么奇怪，它回应了这样一个临床事实，即哀悼者在能够开始哀悼他最近失去的人之前，往往会先回到他之前所有的丧失中。为了使这个过程得以运作，哀悼者必须能够在无意识的层面区分对象和对象的位置。而这样一来，他们想必就会思考自己对这个失去之人的爱，并逐渐想清楚自己为什么会爱他或她。如果我们所爱的人与他们所占据的位置之间的差别能够被清楚地表达出来，那么我们就有可能继续进行新的投注——将其他人放到同一个空位上。

要弄清这种差异，就意味着要详细探究我们为什么会对所爱之人产生感情。例如，哀悼一个逝去的甚至只是离异的配偶，可能意味着要挖掘出我们无意识中在他和自己的父母一方之间建立的诸多联系。他们有什么共同点？他们有什么不同？导致我们依恋的路径是什么？这个过程也牵涉我们对自己父母的形象的质疑，我们会改变视角，并面对与父母有关的最为一致、最为真实的东西。通过这项长期而艰巨的工作，失去的爱人的形象可以与其在我们无意识中占据的位置分离开来。

这种分离不仅仅是为了让我们的伴侣脱离——比如说——我们父母的形象。正如我们所强调的那样，这也将父母的形象与铭刻在我们无意识中的根本的空位分离开来，无论是父母还是其他任何人，都无法填补或消除这个空位。这意味着我们对所爱之人的他异性（alterity）或相异性（otherness）的认识：当他们的形象从其栖居的地方被释放出来时，这看起来可能很奇怪、很陌生。一个纪念品或一张照片现在会奇怪地显得不同，好像它已经不完全是过去的样子了。在曾经熟悉的形象之外，我们感觉到了另一种东西的存在，它无法表征，也不透明，是我们精神世界的一个空洞。在无意识层面，我们承认我们所爱之人的一部分总是丧失的，即使是他们和我们在一起的时候。

在对离她而去的男人漫长又痛苦的哀悼中，一个女人描述了一个关键的转折点。她梦见自己和他在一起，在岩洞里看一件艺术品。而他正是这幅画中的表现物。下一刻，他们都出现在了画中，但他们仍在看着他的画像。当她经过这个画像时，她看到它从一个现实主义的图像变成了一个更抽象的东西，一抹色彩，她只能称之为"非具象"的东西。在梦中，最明显的是他在她心中的形象，但这个梦恰恰聚焦在这个形象的改变上。除了说明我们前面讨论过的框架的概念外——在梦中强调作为表象的表象（嵌套结构的艺术作品）——它还戏剧化地表现了一种分裂，即个人的形象与超越它的某种晦暗神秘、不可理解的东西之间的分裂。

这个非具象的元素也许是让我们能够最近距离地感受到丧失的对象的元素。拉康称之为客体小 *a*（object *a*）——空与丧失的所在，它逃避随时准备的视觉化或表象。拉康认为，为了理解它，我们会利用自己身体上的丧失经验，仿佛是要找到在心理上定位它的方法。例如，我们无意识地将与喂养和排泄有关的分离，与我们和母亲在早期关系中建立的丧失的基本维度联系起来。由于乳房和排泄物都与我们的身体相分离，所以它们可以将丧失的概念具体化，赋予它物质性。因此，这些元素进入了客体小 *a* 的所在，并组织起我们的欲望之域。我们可能会拼命地抓住自己的伴侣，总是想要更多，并且总会觉得对方没有给予我们所需要的东西。我们的伴侣在这时就像一个乳房。另一方面，如果我们在对伴侣的爱与恨之间摇摆不定，一会儿厌恶地拒绝对方，一会儿又崇拜对方，那便可能是肛门对象在起作用。如此，我们的伴侣就像粪便一样，既被反感地避开，又被当作幼儿兴趣的源泉而被看重。

这些隐藏的对象永远无法被完全揭示：它们总是遥不可及，但依然塑造着我们的生活，并建立在一个更为原初的丧失之上。它们被某些特定的视觉形象遮掩，当我们被他人吸引时，我们会对这些视觉形象予以特殊对待，而这些形象往往又被我们的自恋塑造。我们可能会爱上一个看起来像我们的人（想想布拉德·皮特和詹妮弗·安妮斯顿），或者爱上一个与我们希望自己所像之人相似的人，或是一个与我们认为自己曾经相像之人相似的人。这些都是自恋之爱的形式，因为它们涉及一种投射，我们将自己的形象投射到了伴侣身上。我们只看到自己，或者我们只看到了自己希望被看到的方式。虽然我们可能会循着这种自恋的模式选择伴侣，但实际上，我们与他们相关联的方式由我们与客体小 a 的关系所决定。那么，在自恋与对象之间就存在一种张力。自恋涉及我们认同和向往的形象，而对象则总是超越于此，让我们感到怪怖且无法把握。

拉康认为，哀悼不是要放弃一个对象，而是要重建个体与一个已失去的、不可能的对象之间的联系。这里的关键是要将对象与包裹它的自恋信封（人物形象中将我们的爱吸引去的某些细节）区分开来。如果恢复了与对象的联系，并且想象信封的位置与之分离，那么一个新的对象便有可能占据这个位置。拉康认为，哀悼者的问题是他一直在维持与形象的联系，通过这种联系，爱被自恋地构建了。如果我们以自己的形象为模板去爱某些人，或者将其拉入我们的自恋领域，那么失去他们就意味着失去自己。因此，我们会拒绝放弃他们。

这意味着对象和对象的位置无法被恰当地分开。我们将继续被所爱之人的形象束缚，无法超越它。这个形象会对我们施以暴政。我们仍会期望见到失去的爱人，在街上瞥见他，在咖啡馆里听到她的声音，或者寻找让我们能够想起这位爱人的伴侣。相比之下，哀悼意味着某种牺牲，牺牲我们自己与该形象的联系。牺牲使我们自愿放弃我们所珍爱的东西。许多丧葬仪式和哀悼仪式都包含逝者亲属对自身某个部分的抛弃，比如将自己的一绺头发或其他物品扔进坟墓。与哀悼者本人不同，哀悼者的头发将会陪伴逝者。然而，我们应该把这种姿态理解为与逝者保持内在联系的努力吗？还是相反，应该将其理解为与逝者相分离的努力？

这些小小的象征性牺牲昭示着一种积极的行为。似乎在被迫失去的东西之外，我们又增添了另一种丧失，仿佛要把它积极化，仿佛我们同意丧失而不是拒绝它。在电影《泰坦尼克号》（*Titanic*）中，当年迈的女主人公将她与情人的爱情信物海洋之心扔进海里时，她终于接受了他的死亡。在《霹雳钻》中，那把与父亲密切相关的手枪被扔掉了。在这里，自身的一部分仿佛被抛弃，就像自己在爱人身上的那一部分被抛弃了一样。一种丧失加之于另一种丧失，好似签下了一份同意书。

这些想法都暗示着，在某种意义上，我们是我们所哀悼的人，我们对他们的爱也是对自己的爱。他们是我们的一部分。这难道不能解释我们有时在失去父母的孩子身上所发现的一种特殊现象么：他们感到羞耻，而不是立即感到悲伤或愤怒。如果父母实际上是自己的一部分，就像玛莎·沃尔芬斯坦指出的那样，那么失去他们就意味着失去了不可剥夺的所有物。我们也可以将坟前的那些微小牺牲看作是对同意放弃我们自身之一部分的更大牺牲的代表。哀悼必须标出象征性牺牲的位置，这样其他对象才能进入失去的所爱之人的位置。这可能与构建我们童年的俄狄浦斯之大牺牲是一样的：我们放弃母亲，以获得与他人的接触。或许这一点必须在任何哀悼中都得到修通和再现。真实的、经验性的牺牲将成为这个更基本的过程的隐喻。

李安的电影《断背山》（*Brokeback Mountain*）阐释了其中的许多主题。表面上看，这是一部关于同性恋牛仔的电影，但实际上，它是关于爱和丧失的最广泛意义上的研究。在一个夏天，名叫埃尼斯和杰克的两个年轻人在断背山当牛倌时相互吸引走到一起，尽管两人长期分离，还有着各自婚姻的阻碍，但他们的爱情在接下来的二十年里一直存续。在第一个夏天结束的时候，他们之间的爱变得明显并且有了身体的接触，就在分别之前，两人在一个山坡上摔跤。这场满含情感的打闹也唤起了愤怒，不仅是对即将到来的分离的愤怒，对埃尼斯来说，更是对他违背自身意愿坠入爱河的愤怒。这场激烈的打斗是一种嬉戏，但也如致命般严重：两人都将对方打得流血。

随着故事的继续，我们看到两人处在一个充满着不和与妥协的世界里。埃尼斯和杰克都陷入了不幸的婚姻和没有成就感的工作，渴望着能够再次见面的时刻。他们的上山之旅显得极其幸福：他们终于可以单独和对方在一起，远离家庭生活的磨难，亲近大自然的美。埃尼斯在得知杰克的死讯后，或许是想要按照杰克的遗愿将其骨灰撒在断背山上，他去看望了杰克的父母。在与其父母上演了紧张的一幕后，杰克的母亲邀请埃尼斯来到杰克小时候住过的房间，她一直将这个房间保持原样。

在看过空旷简陋的房间后，埃尼斯的注意力被一个壁橱吸引了，他在里面看到了他们第一次旅行时杰克穿的衬衫。当他靠近去看时，却在这件挂着的衬衫内侧看到了他们摔跤那天自己身穿的衬衫。它就套在杰克自己的衬衫里面，上面还有干涸的血迹。埃尼斯当时以为自己把它忘在了断背山上，但现在他才知道，杰克一直都保留着这件衬衫，这是他们爱情的秘密，是杰克偷来的爱的信物。

虽然这部电影的重点是他们之间的秘密关系，两人在一个恐同社会中秘密地相爱，但是发现衬衫的那一幕，反而说明了秘密其实就在这段关系里面。需要隐藏的不仅是关系本身，还有其中的一些东西。两件挂在一起的衬衫呈现出完美的结合，这种结合可能不会发生在活生生的人类身上，而只能体现在他们的代表物上，也就是衬衫本身。这件衬衫被偷藏了这么久的事实，表明他们的关系从开始就基于一个幻想：在某种意义上，他们仿佛都已经死了。衬衫是一种增补，也是幻想的载体，让这段关系得以延续。我们现在能够明白，外部世界中围绕着两人的所有不和谐与混乱，其实不过是他们自己内心摩擦的外化，而幻想保护了他们免受这些摩擦的侵扰。

这个令人震惊的反转时刻显示了对象与其信封的分离。在影片的最后一幕，埃尼斯的女儿来拜访他，向他宣布她要结婚。当她离开时，我们看到她落下了自己的毛衣，埃尼斯留下了它并将其放在衣柜里，就像多年前杰克拿走了他的衬衫一样。埃尼斯失去了自己的女儿，但他保留了女儿的一部分作为他们联结的标志，当然，这样的联结只是幻想罢了。衬衫和毛衣是一种永远不可能真正存在的东西的象征，是一条让人类免受冲突和忧伤困扰的和谐纽带。正是衬衫与现实关系之间的鸿沟表明，对象的建构是丧失的、是不可能的。在那个转瞬即逝、令人震惊的发现时刻，一种根本的空变得显而易见。

对象之建构的概念也可以通过预期性悲伤（anticipatory grief）的现象来阐明。预期性悲伤通常是指那些等待某人死亡的人所经历的感受。他们知道所爱之人将要死去，在真实的死亡到来之前就开始了哀悼过程。我们有时会在某人丧亲之后听到这样的说法，即哀悼早已发生了：对他们来说，那个人早已死去。这话经常会从阿尔茨海默病患者的照顾者那里听到。他们不再是他们自己，在生理性死亡的时刻到来之前，这种缺席就已经被哀悼了。

但这真的是预期性悲伤的本质吗？可以说，预期性悲伤实际上是一种现象，它发生在我们所哀悼的人离死亡还很遥远的时候。当一个孩子意识到他所爱的父母有一天会不在时，我们可以在这个孩子那里发现它。这种令人不安的认识可能会使孩子对父母既伤心又愤怒。家人在努力解决这个问题时，往往会对孩子突然变化的行为感到困惑，特别是当后者对此只字不提的时候。然而，孩子被缺失和死亡的问题侵扰，这些问题可能会从他们对父母莫名其妙的爱意的微小涌动中被瞥见。

预期性悲伤的结果是一种痛苦的认识，即个体意识到对象已经包含了自身不存在的可能性。一种虚无（nothingness）被创造了出来。这不正是我们在关于童年哀悼的争论中所看到的吗？有人说，只有当我们对一个人有了概念之后，丧失才能被哀悼——但是对一个人的概念本身不正是包含了关于这个人的缺失的概念吗？孩子必须面对这个可怕的幽灵，这可能会在后来的鬼魂和超自然的恐怖形式中得到阐述。甚至在所爱之人离去之前，他们的消失所产生的幽灵已经被设置就位。当一个成年人坠入爱河时，我们可以观察到这种现象。他可能会突然想到自己的伴侣有一天将不复存在并因此感到崩溃，即使当时伴侣就在身边全心全意地陪着他。在阿波罗尼奥斯（Apollonius）的戏剧《阿尔戈英雄记》（*Argonautica*）中，美狄亚是如此地爱伊阿宋，以至于她说自己就好像当他已经死去一般地哀悼他。

这种关于缺失的思想不仅存在于古典戏剧，在哲学中也有体现。数以千计的书籍和文章都在研究亚里士多德的逻辑学，然而他可能一直在努力解决的基本的情感问题似乎被完全忽视了。有一个著名的三段论例子，"人终有一死——苏格拉底是人——所以苏格拉底终有一死"，这个例子不仅仅是一个抽象的逻辑命题，它还是关于一个真实的、活生生的人的陈述，亚里士多德与他有着深厚的关系，即使两人从未见过面。如果今天一个哲学家写了一本书，其中的一个核心例子是关于他的智者大师的死亡，我们一定会发现其中的情感潜台词。必死性的问题是亚里士多德关注的核心，如果我们还记得他那个备受争议的说法，即"同一事物可以既是而又非是"，那么这一点就会更加清晰。事实上，这难道不已经是一种预期性悲伤的表述了吗？

当后来的哲学家思考这个问题时，他们自己对丧失的无意识反应似乎很可能在他们强烈地捍卫自身立场时发挥作用。伯特兰·罗素（Bertrand Russell）有句名言，"世界可以不用'不'字来描述"，事情或事实没有消极的状态。看似消极的东西总是可以被重新思考为积极的东西。然而，这种天真的观点掩盖了消极在积极中的存在：积极的价值难道不是只有在我们明白它可能不会永远存在的情况下才能真正体现吗？我们所爱的人可能总是缺席。

预期性悲伤也许会发生得很晚。有时，一个有过几段长久恋情的人几十年都没有类似的情感感受，直到后来才会经历这种悲伤。这种情况经常发生在与父母的关系上。一个成年人会开始疏远他或她年迈的父母，并且有时并不能很好地意识到这一点。看似不感兴趣或忽视的迹象，实际上可能隐藏着恰恰相反的情况：他们的退缩似乎是为了以某种方式保留父母，让他们永远在这里，永远不变。这样，他们就避免了父母的形象因年龄和健康而发生的不可避免的损害。

弗洛伊德在他的短文《论无常》（"On Transience"）中谈到了这种预期性的悲伤，这篇文章是在 1915 年《哀悼与忧郁》初稿完成约 9 个月后写就的。当我们思考一个对象的无常时，就会"预先体验到对它消逝的哀悼"。死亡和时间在这里紧密地联系在一起，但爱的感觉也是如此。预期性悲伤的出现，会不会是人类之爱本身诞生的一部分呢？爱总是会涉及这种"预先的哀悼"吗？

父母一方或真爱之人的死亡会产生另一种奇怪的、很少被讨论的现象。强烈的性欲往往会紧随着丧失产生。哀悼者可能会想象与各种各样的性伴侣狂野而放纵的性爱，而且性想法的强度和频率都不同寻常。这自然会产生罪恶和厌恶的感觉，正如它可能会导致内疚的抑制或无节制的行动宣泄。这应该是这个人最不想思考的事情了。我们该如何理解这种令人不安的性欲的侵袭呢？

显而易见的解释是，滥交和放荡只不过是否认的机制。我们疯狂寻找失去的爱人的替代品，以抹去丧失的感觉，用身体的、肉欲的接近来掩盖缺失的空洞。尽管这种行为有时确实显得躁狂，也明显有对丧失的否认感，但这仍留有一个问题，即为什么这种行为有时会出现在哀悼进程的后期。如果仔细研究这些情况，我们会发现看似放荡的活动实际上恰恰相反。如果在丧失之后的早期倾向寻找多名性伴侣，那么在哀悼后期发生的情况就大不相同了：哀悼者不会关注多个人，而是只关注一个人。

在一些仍坚持正式哀悼仪式的文化中，哀悼期通过性行为而结束。事实上，哀悼者不得不发生性关系，无论他们是否喜欢。这被解释为一种净化，它借助性而达成。精液或阴道分泌物残留在逝者配偶的体内，必须将其清除，使其无害。必须摆脱逝者的性爱痕迹。哀悼者必须净化它们，以远离逝者带有恶意的影响。与其他伴侣的性行为可以实现这一点，而这位伴侣随后必须经过进一步的净化仪式，与逝者形成更远的距离。在一些文化中，遗体被厚厚的糨糊或染料覆盖，以帮助去除逝者的所有性痕迹。

如果这样的做法看起来很奇怪，那么我们应该记得在西方中世纪的许多浪漫故事中，失去所爱的女主人公都会拒绝剪去秀发或是沐浴，她们会保留自己的污垢和性痕迹，以此来贴近失去的爱人。这常常被解释为对逝者的认同，哀悼者好似把自己变成了一个被遗弃者，如同爱人的躯体确实已经从人类社会中被移除了一样。这在逻辑上意味着，要想放弃所爱的人，必须先放弃污垢。

在基耶斯洛夫斯基（Krzysztof Kieślowski）的电影"蓝白红三部曲"之《蓝》（*Blue*）中，朱丽叶·比诺什（Juliette Binoche）饰演一位年轻女子，她的丈夫和孩子在一场车祸中丧生。当她挣扎着继续自己的生活，想让自己从死亡的世界中脱离出来时，她和一个试图完成死去丈夫未完成工作的男人发生了一夜情。她不想恋爱，但不知怎的，这次性行为却让她自由了。她现在能够演奏丈夫生前一直在创作的交响乐。这呼应了我们之前提到的仪式，哀悼者在仪式中必须丢弃与逝者有关的某个东西：无论是阴道分泌物还是精液，都必须将其转移，从而拉开距离。

但这真的能解释此处的性行为吗？它同样可以与哀悼中的胜利观念联系起来。在某种程度上，我们已经得到了我们想要的，于是胜利和喜悦突然被释放了出来。我们曾经有过死亡的愿望，现在它得到了满足。然而，我们也可能只是因为自己避免了同样的命运，幸存了下来而欣喜若狂。弗洛伊德注意到，葬礼仪式中几乎总是会有一顿特殊的饭菜，人们在吃这顿饭的时候象征性地吃掉了逝者，这不仅表明了一种融合，也暗示着一种胜利的庆祝。从另一个角度看，在这种情况下释放出来的力比多，是否就是之前与失去的爱人捆绑在一起而现在又被释放的力比多呢？

然而，若把比诺什的性行为全然看作与性有关，则可能是错误的。如果它不仅仅是关于身体的快感，那么它可能与牺牲的想法有关。毕竟，如果她不是在付出自己，又是在做什么呢？这难道不是意味着她不再属于她死去的丈夫了吗？要摆脱他，她必须先摆脱自己。这意味着她要抛弃自己的形象、自己的身体，把它借给另一个男人。在这里哀悼涉及自己的蜕变。

哀悼过程的第四个要素，即我们为谁哀悼。我们可能会想当然地认为，哀悼的时候，我们是在哀悼失去的那个人。我们想到他们，看到他们的形象，听到他们的声音，他们以如此痛苦和酸楚的方式呈现在我们面前。虽然情况确实如此，但我们也可能在哀悼别的东西。拉康对此有一个非常有趣的观察。他指出，哀悼不仅仅是为了悼念失去的爱人，也是为了哀悼我们曾为他们所是的存在。

一位哀悼逝去母亲的妇女谈到了一种感觉，尽管她对其表面上的无足轻重感到不安，但这种感觉一直萦绕不去。虽然她沉浸在对母亲与其疾病的想象和思绪中，但这些都会反复汇聚到一个简单的瞬间：当母亲用昵称"麻雀"来称呼她的时候。"我意识到，"她说，"再也不会有人这么叫我了。"这个独特的称呼只有她母亲用过，正是这个昵称一直萦绕不去，而不是她给母亲起的昵称——如同有些人所想的那样。困扰她的不仅仅是母亲的形象，还有一个特许之处，即她为大他者而构成的自己的形象。

毕竟我们一生都在主动地陷入关系中。当我们爱别人时，我们在与他们建立的关系中占有一席之地。正如我们给了他们一个位置，与他们的关系结构也赋予了我们一个位置。它给予了我们某种身份，就像一个被疼爱、被倾听的孩子，或是被虐待、被忽视的孩子，抑或是其他任何的形象，这些形象在我们无意识的精神生活中都被赋予了特殊的价值。我们建立关系，部分是为了确保自己的想象中的位置。而在某种程度上，一段关系的功能正是对这个位置的维持：它借由他人的凝视将我们定位为一个形象。

一个女人与心爱的伴侣分手了，经过几年痛苦难忍的悲伤之后，她开始了一段新的恋情。她从未想过会再遇到一个自己可以在乎的男人，对新男友的爱恋让她既不安又困惑。她意识到自己进入了一个全新的领域，因为，正如她所说，在与以前的爱人的关系之外，她不知道"我是谁"。即使在他们分开之后，她仍然像在一起那般继续生活，通过他来定义自己，通过他的眼睛看待自己。她几乎找不到词语来描述这段新的恋情，她说："这就像一片真空区。"与这个男人相遇后不久，她便决定去一个很遥远的地方旅游，那个地区以其地理上的贫瘠而闻名，仿佛她必须真的居住在一个空旷的地方，才能开始理解自己的感受。

关系给了我们位置，当关系结束时，我们必须决定是否要放弃这些位置。当我们设法减少与失去之人的联系时，这意味着我们与自己在那段关系中所采取的形象的联系也会减少。这甚至会影响我们实际的身体形象。画家洛里（L. S. Lowry）与他苛刻的母亲有着强烈的依赖关系，一生之中，他总是说自己所做的一切都只对她有意义。在她病危期间，当他面对着剃须镜时，会看到一张陌生的脸正在盯着自己。同一时期，他在绘制一系列凝视的男性头像时，也经历过这种与自身形象的疏离。他说，这些头像"就这么出现了"。与其说它们是经过设计和雕琢的，不如说它们只是出现在画布上，许多年后，他仍然会问工作室的访客："它们是什么意思？"

是什么将洛里与他的身体形象联系在一起，是什么使这个形象成为他自己的，这与他和母亲的关系有关。由于母亲惩罚或谴责的目光似乎要消失了，他与自己的身体形象的联系也随之消逝。他的形象为她所占据的位置已经改变，因此失去了它的锚定点。这种对形象的放弃很少像洛里那样直接，对自己身份的质疑可以采取其他形式。哀悼者可能会忘记自己的电话号码和住址，或是忘记携带身份证件。正如琼·狄迪恩所注意到的："四十年来，我一直是通过约翰的眼睛来看自己。"但现在他死了，这个视角就受到了质疑："今年是我二十九岁以来第一次通过其他人的眼光看自己。"她写道："当我们哀悼我们的丧失时，我们也在哀悼我们自己，无论好坏。我们曾经所是，我们不再如是，有一天我们将完全改变。"

然而，我们一直都不太清楚这一点。我们不得不为了失去的人而放弃曾经的自己，但这大部分是在无意识中形成的。正如一位哀悼者说："为了能够放弃一段关系，我需要知道这段关系是什么。"这也是哀悼工作如此漫长和痛苦的另一个原因。毕竟，它要我们真正放弃自己的一部分。我们被迫放弃自己的形象。在描述儿子去世后的悲痛和哀悼时，戈登·利文斯通观察到自己作为一个受人尊敬的父亲的自我形象是如何消失的："愤怒之下是我无尽的悲伤，因为一个毫无保留地爱着我的人走了。我告诉自己，他不可能永远相信我是完美的，但我很想念这一点。"

也许这就是有些人在哀悼过程中会改变自己外貌的原因。他们可能会换新的发型或新的穿衣风格。这也解释了一个相当普遍的现象，即当人们说起自己得知丧失消息的那一刻时，他们可能完全不记得当时所用的词语或传达的确切信息，却清楚地记得自己穿了什么，以及衣服上的一些琐碎细节。尽管我们可以很明显地将其解释为一种移置——对现实的坏消息的否认转向了衣服的细节——但这不也意味着对自身形象的重新关注吗？如同丧失的消息在某种程度上涉及对这个形象的质疑？

哀悼的这个特征有助于解释一种特别的习俗，这种习俗通常与犹太传统有关，但也存在于其他文化中。在亲人死后，家中的所有镜子都会被遮盖住。这种做法通常被解

— 139 —

释为一种提醒，镜中形象的移除提醒我们在悲伤的时候必须放弃我们的虚荣。在更深的层面上，有人认为这种遮蔽是为了让逝者远离住宅：如果他们不怀好意地徘徊在曾经居住过的房子里，他们可能会被自己的形象所迷惑，并因此决定再次住进来。但在这个习俗中，我们不也看到了所爱之人的丧失和自己形象的丧失之间的联系吗？放弃他们意味着放弃我们曾为他们持有的形象；而这将对我们的自我形象产生深远的影响。

　　当我们失去了所爱的人，我们就失去了自己的一部分。而这种丧失需要我们的同意。我们可能会告诉自己，我们已经接受了丧失，但默然接受和真正的同意有着根本的不同。事实上，一生之中，许多人在顺从他人的同时，内心也怀有强烈的怨恨。他们顺口说"是"，就像小孩子可能会因为害怕而服从如厕训练的要求，但他从未真正同意过。在哀悼中，我们必须在内心最深处同意失去自己的一部分，正如我们所看到的那样，这就是为什么它包含了额外的牺牲。这在逻辑上意味着，放弃我们为他人而有的形象的唯一方法就是质疑我们想象中他们看待我们的方式。电影《蓝》提供了另一个例子。朱丽叶·比诺什扮演的角色在丈夫和孩子死于车祸后发现，其实丈夫一直过着双重生活。他一直有婚外情，而且他和情妇的孩子马上就要出生了。因此她不仅要哀悼他，还要哀悼她为他而有的形象，即她为他之所是，即使她在他死后才真正发现了这一点。

我们在维多利亚女王对其母亲的哀悼中也发现了类似的反转，她的母亲比她心爱的丈夫阿尔伯特早去世不到一年。维多利亚对阿尔伯特的哀悼引起了公众和她后来的传记作者的关注，因为她对丈夫去世的拒绝接受显得相当惊人。但是这掩盖了一个关键的问题，即她如何回应母亲之死。维多利亚一直认为自己对母亲而言无足轻重：她在日记里写道："我觉得妈妈从来没爱过我。"但在母亲死后，当她翻阅母亲的文件时，发现即使是她写过的最小的备忘录和残稿碎片都被保留了下来。她意识到自己确实被母亲爱着，这让她难以承受，并因失去了回报的机会而深感后悔。

她的自我形象就这样深刻地改变了。比诺什饰演的角色不得不放弃自己想象中作为妻子的身份，而维多利亚则要面对作为女儿的自我形象的改变。随之而来的崩溃连同她对丈夫长期过度的悲痛，暗示着她对阿尔伯特的哀悼中也许包含着她哀悼母亲的无形努力。这个旷日持久的过程，难道不是把她放在了母亲生前她无法为其而占据的位置上吗？那是一个忠诚的、满怀爱意的女儿的位置。毕竟，她会把阿尔伯特称作她的"母亲"，在他死后，她把自己比作"一个失去母亲的孩子"。

回到《蓝》这部电影中的外遇问题，我们现在是不是可以换一种方式来解释它呢？在某种程度上，这是对逝者的认同。就像丈夫曾经不忠一样，现在妻子也是如此，仿佛在说："你不是我想象中的那个人，所以现在，我也不是！"但在另一方面，也许是在更深的层面上，我们可以把她和那个男人做爱理解为一种献出自己的行为，在具体的意义上，就是放弃自己的形象。在这次献身之后，她获得了一种新的自由。

知道我们对别人来说是谁并不简单。索菲·卡尔用自己独特的方式阐释了这个问题。她的作品永远与她自己的形象有关。她会雇用私家侦探跟踪自己，描述和记录自己的行踪。她感兴趣的是她如何为了他人而构成自身，别人如何看待她。在一些作品中，她成为别人小说中的一个角色，让别人为她选择行程。她曾经要求作家保罗·奥斯特（Paul Auster）为她规定这一年要做什么，当他指定了一系列比较温和的任务时，她全部接受了。她甚至遵循他为她设定的饮食习惯，每天只吃特定颜色的食物。

这个项目可以看作是对现代主义的一种戏仿。就像在现代主义小说中，主人公和叙述者往往对他们所描述的事件有一种冷漠感和疏离感，而卡尔则把自己变成了一个她总是与之保持距离的人物。她的身份是通过其他人绘制的，她生活之中发生的事情被描述成发生在她身上的事情。事实上，尽管她策划了大量的场景，但她从来没有将自己视作自身行为的作者，而是将自己作为其他人的行为和选择的产物。

除了现代主义的这种有趣的扭转之外，卡尔的作品还提出了一个问题：她如何通过别人的叙述而呈现自身。她似乎在问，她的作者是谁？她对别人来说是什么，这个探索可以和她童年的一个时刻联系起来，她认为那个时刻是一个转折点。她发现家中的一个朋友给她母亲的信中提到"我们的索菲"，她想知道这是什么意思。这里的所有格代词是什么意思？她如何可能是"我们的"？她很想知道这个男人是不是她真正的父亲，从八岁到十一岁的这段时间里，一张幻想和白日梦的网就是从这一点开始编织的。这个代词为她的艺术实践确立了方向：一个她对他人之所是的疑问，她是如何被别人看到、感知、拍摄、注视和思考的。

在她的艺术作品中，卡尔还上演了对陌生人的人为爱恋。她会随机选择一个人，跟踪并尽可能详细地记录他的行为。然后她就会离开现场，原则上，她再也不会见到这个人。她说，这种情感的浓缩会显得这个人"既任意又真实"。她会深深地爱上他，"哪怕只有半个小时"。在那之后，魔咒便被打破。如果相遇必定要以分离告终，那么这是一次"没有伤害"的分离。

这很容易让我们想到弗洛伊德描述的那个线轴游戏（Fort-Da），这个游戏令后世许多分析师着迷。看着孙子把一个线轴拉过来又扔出去，弗洛伊德相信他看到的是一个古老的过程，它将母亲的在与不在象征化。线轴代表着母亲，通过让它出现和消失，这个男孩正在让自己成为他原本无法控制的局面的主人。

然而，这个游戏的关键并不在于简单的重复运动，而在于线轴的移动伴随着声音：当线轴在的时候，男孩会说出"da"（这里），而当线轴不在时，男孩会说出"fort"（那里）。他不仅创造了一种在场和不在场的节奏，还主动地将这种节奏与一个象征过程联系起来，与言语以及他所选择的两个词之间的差异联系起来。因此，母亲的缺席被纳入了一个象征性的网络。它被登记在语言中。

卡尔的那些人为爱恋就像是线轴游戏。除了在场和缺席之外，它们还涉及登记，因为她的作品就是记录自己的活动。她不只跟踪别人，还用笔记和照片对自己的爱恋予以记录和标注。她说："我的行动是由离开这个男人或与他在一起的决定所支配的。"如果这些分离和丧失的时刻对她如此重要，那么她的作品便提供了一种对哀悼过程的模仿。缺席被登记和记录，即使她自己的身份和她对他人之所是的问题从未得到最终的答案。

哀悼过程的这一方面也为我们提供了一个思考临床问题的线索，弗洛伊德对此问题很感兴趣。他想知道，为什么哀悼不仅涉及抑郁状态，也涉及焦虑状态？丁尼生（Tennyson）多年前在其长诗《悼念集》（"In Memoriam"）

中也提出过类似的问题，他问道："平静的绝望和狂乱的不安/能否成为单身母亲的房客？"事实上，一个人可能会以常见的惰性和活力的缺乏来应对丧失，而另一个人则可能会感到持续的焦虑，仿佛有什么可怕的事情即将发生，一种期待的恐惧。在很多情况下，抑郁和焦虑的状态是混合在一起的。我们要如何理解这些临床现象呢？

拉康认为，焦虑是对大他者欲望的感知。这意味着我们要面对以下问题：我们对他们来说是什么，我们对大他者来说有什么价值？大他者的最初模型就是我们婴儿时期的主要照料者。在我们后来的生活中，这一切会再次上演，从我们的恋人或配偶到我们的老板或同事，任何一个人物都可以再次扮演这个角色。如果我们发现自己突然无法确定自己的方向，不知道自己所处的位置或别人如何看待我们，那么我们的反应很可能是一种焦虑感。然而，这和哀悼有什么关系呢？

通常情况下，一个人会借助他人的形象来解决家庭中与照料者有关的困难且难忍的情形。这个形象可能是兄弟姐妹，或家庭中其他亲近的人。毫不夸张地说，他们经常会被模仿和跟随，他们很可能是父母的最爱。在这里，我们可以想到第一章中所讨论的一个案例，一个女人在被她母亲极度理想化的弟弟去世后变得痛苦不堪。家庭关系围绕着兄弟姐妹的形象而建立，因此它们在孩子和照料者之间构成了一道屏障。

当这个想象的缓冲区因死亡、分离或疾病而被撤销时，主体突然间就没有了任何防御屏障。他对大他者来说是什么？他与这个可怕的问题之间不再有任何中介。这会引发一种无法忍受的痛苦和恐惧。这里的焦虑与其说是丧失亲人的焦虑，不如说是关于丧失对另一段关系（通常是与父母其中一方的关系）的影响的焦虑。这才是重要的关系，给予兄弟姐妹的特权地位本身就是对它的一种回应。失去他们后，哀悼者又会被迫面对自己对他人而言的身份问题。于是在临床上，我们经常会在哀悼中发现抑郁和焦虑的起伏。

兄弟姐妹的形象的例子在这里是有用的，因为它突出了三角关系的情形，但它同样经常涉及另一个形象的问题，即主体自己在与父母的关系中所采取的形象。当这个形象被质疑时——例如由于父母一方的死亡——所有的保护或屏障都会消失，焦虑因此会变得势不可当。父亲或母亲的离世并不意味着他们离开了哀悼者的精神世界：相反，众所周知，死亡只会让逝去之人的形象更加强大，让他们的命令更加有力。

我们所讨论的哀悼的四个要素可以用一个临床案例来说明。一位病人在一年前失去了他的妻子，之后他便一直处于惰性状态，无法工作或开展日常活动，妻子的形象和记忆一直萦绕在他脑海中，他会在街道上寻找她的形象，无法与朋友和家人保持联系。我们将研究六个月间发生的一系列事件，在这段时间结束后，他能够克服严重的惰性，恢复工作并重新思考生活的可能性。我们可以通过一系列梦境来关注他的进展，这些梦显示了哀悼过程是如何展开的。

梦境一：X 对妻子大发雷霆，他们大吵了一架。他责备她没有向他透露一条消息。随即，另一个女人进入场景，她有妻子的特征，但这些特征都显得很夸张。他和这个女人一起离开，当他们穿过一个聚会时，他发现自己对她的行为就像妻子在公共场合对他的行为一样。醒来后，X 回想了一会儿这个女人的视觉形象，突然意识到这其实是妻子的形象。

梦境二：X 在他和妻子住过的房子里。他想要一杯茶，但是没有牛奶。他问了几个似乎在附近闲逛的人，他们告诉他牛奶不够了。然后他走进房子的每一个房间想要寻找某个人，但是一个人都没有。最终，X 在最后一个房间里看到了许多物品，它们要么是为旅行准备的，要么是表示有人刚出游归来。他希望见到妻子，但房间里没有人。

梦境三：X 在一家商店里。他洒了一些牛奶，希望收银员能免费再给他一盒。但她没有。然后他拿出所有的零钱，但她还是拒绝了。他的妻子出现了，他们以一种肉体的、极为情欲的方式紧紧相拥。

梦境四：X 和妻子在一起。她说："这是单行道。"X

试着理解这是什么意思。这个单行道是对他而言，还是对妻子而言？他试图理解，却无法理解。在整个梦中，X深感自己不了解妻子。随后他发现自己在一个放满行李箱的房间。他当时要么说的是"去过什么地方？"，要么是"要去什么地方？"，但不记得具体是哪个了。

梦境五：X和妻子在一起，又一次感到她的陌生。她看起来很陌生，整个人完全是模糊的。她抱住他说："永远不要离开我。"他说："我不会的。"但内心其实并不是很确定。

梦境六：X感觉自己没有处在合适的地方。然后就只是一张白色布料的图像，上面有一小块粪便的污渍。

人们当然可以通过大众心理学的常用视角来看待这些梦：对死亡的否定、愤怒、旅程和离别，等等。但它们揭示了更多的无意识过程，这些过程使哀悼得以发生。对这些梦的联想是非常宝贵的，它们呈现出了他的妻子、他的母亲和他自身形象之间的重要联系。他在第一个梦中对妻子的责备与他在童年的某个特定时刻对母亲的责备相呼应，在对这个梦做联想之前，他从未记得有这次责备。母亲启程远行，毫无预兆地把他留在爷爷奶奶身边。他的愤怒和困惑以前从未有意识地表达过，直到现在，他才开始思考这次早年背叛的影响。正是妻子的离去让他回到了童年的这个关键性的断裂点。

第一个梦也以另一种方式阐述了妻子和母亲之间的关

系。梦中包含对形象的强调，似乎这些形象可以与占据它们的人分离：一个女人长得像他的妻子，而他表现得好像自己是妻子一样，然后意识到这个女人其实就是自己的妻子。这些都是自恋的主题，它们涉及我们对形象的认同，以及形象对我们的捕获。它们是我们所是的形象或我们想要成为的形象，但梦境表明，这些形象只是形象：它们被互换的方式显示出它们能够以某种方法脱离于自身的锚定点。无论如何，形象和形象之外的东西是不同的。这个梦揭示了将形象从其所包裹的东西中分离出来的第一步。

第二个梦继续唤起了 X 与母亲的关系，母亲在短暂的哺乳期之后就"没奶了"。因此，在与自恋有关的材料和与对象（在本例中是口腔对象）有关的材料之间有一种张力。在前者中形象可以互换，我们可以代替别人；而后者不能被交换或交易。相反，它体现了一种与身体满足相联系的固定性。第三个梦继续细化了自恋领域与对象的这种分离：当 X 面对一个拒绝给他任何东西的女人时，妻子的形象出现了；当他受挫的时候，身体的享乐出现了。这一时期的分析工作着重探索了他妻子的形象与他母亲的形象之间的联系。

第四和第五个梦某种程度上是哀悼过程的典范，因为它们显示了形象与形象之外的另一个辖域的分离。它们都让 X 强烈地感觉到妻子有一些不为他所知的东西。单行道的意义问题让 X 想起了妻子的单程旅行，也让他想到在未来的某个时候他也会踏上一段单程旅途。他的不理解可以看作是实在的一个标志，其中，死亡就像一个模糊的谜团，做梦的人乃至语言本身都没有答案。行李的意义问题也让 X 想起了童年时母亲远行的那段时光。这些主题在第五个梦境中围绕着"永远不要离开我"这句话再次上演，X 说这其实是他自己的请求，既是对母亲说的，也是对妻子说的。

在评论明显不协调的第六个梦之前，我们应该说一说大约从第四个梦开始 X 的经历。他在这几个月间很明显克服了惰性，几乎狂热地享受着某些笑话、文字游戏和轶事，他会反复地谈到它们。在第六个梦之后，X 意识到这些梦其实有一个共同的主题：一个屎尿沾身的婴儿形象。从 X 感到自己没有合适的位置到他在带有粪便的布料形象中全然消失，第六个梦中的这种转变暗示着 X 等同于粪便：这是不处于适当位置的东西的形象，它不该在这里。就在那时，X 想起了他与妻子初识期间的一个细节。在他被介绍给她的那顿晚餐之前，他听说她曾在一个节日里无拘无束地在别人面前展示自己，非常放松。在接下来的几个星期里，X 又想起了自己小时候曾努力对母亲之外的所有人隐瞒自己的排便。

我没有向 X 解释他的梦，因为 X 自己解释了它们，此外，就像我们发现的许多为哀悼过程加以标点的梦一样，它们本身就是一种解释。虽然我们可以在其中找到亚伯拉罕非常感兴趣的肛门动力学，但在我看来，它们上演了拉康所强调的自恋认同领域与对象之间的分裂。在这一系列梦中，我们看到了妻子的形象从口腔和肛门辖域中分离了出来，而在 X 的联想中，我们看到了这个女人在他的幻想中长久以来占据其位置的线索，这条线索部分受限于自恋领域，正如我们在他妻子那粪便式的暴露癖的细节中看到的那样，她的表现如此地吸引了他。这正是他自己渴望的形象——骄傲地向母亲展示自己的粪便。

这种分离意味着一种深刻的他异性的出现。随着形象失去了惯常的坐标，他能感到妻子的不同与神秘，这无疑也使他想起了母亲的他异性。在第六个梦中，我们看到了表象的缺失如何回应了真实的丧失。概括地说，在这一系列梦的最后，我们在 X 对生活的新兴趣中看到对象与其自恋框架重新融合。哀悼的工作将它们分离，但现在它们能够再次共同运作：他可以被其他女人的形象吸引，他觉得她们拥有一些诱人的东西。

这些梦也说明了欲望的辩证法，拉康将它置于哀悼过程的核心。那个女人的模糊感和她神秘的言辞表明了大他者欲望的维度，即母亲主体性中对孩子永不满足的那一部分。正如拉康所说，这里的问题涉及主体在多大程度上是大他者的缺失，也就是说，他们在大他者的欲望中占有什么样的位置。虽然 X 的"永远不要离开我"借由妻子说出，但在之前的梦境中，她那无法言喻的模糊存在被体验

— 151 —

为一种根本性的否认，这表明她的欲望最终是要超越他的。

当拉康注意到我们只能哀悼那些我们可以说"我是他们的缺失"的人时，这恰恰暗示了一个问题，即我们对大他者来说是什么？作为某人的缺失意味着他把自己的缺失感投射到了你身上：换句话说，他爱你。毕竟，我们爱那些似乎拥有我们所没有的东西的人。从这个意义上说，哀悼工作的一部分便是哀悼我们曾为大他者而是的想象对象。憎恨难道不就是无法说出"我是他们的缺失"的后果之一吗？根据弗洛伊德的说法，正是这种无法表达阻碍了哀悼进程。这几个梦也阐明了另一个重要时刻。X当然会有一种挫败感，而在这些梦的最后，他对生活又有了新的兴趣，但在这两者之间，他对妻子的他异性和相异性有了非常深刻的体验。我们可以问，如果没有认识到这个不可理解的、神秘的维度，我们怎么能将自己与我们失去的那些人分开呢？

奇怪的是，哀悼工作的这个部分是天主教某一传统的中心线索。从奥古斯丁开始，许多作家都强调，为了认识上帝的陌生感，我们首先要面对我们对自己的陌生感。这种觉悟不仅包含沉思，也包含暴力和痛苦，因为我们会从我们所爱的自我形象及其镜像中被撕扯出来。正如十字架上的圣约翰所说，只有当上帝变得对我们陌生，并且这陌生让我们感到可怕时，我们才能真正地"认识"他，认识到他已经超越了我们自身愿望的投射。这正是我们所爱之人的不可知且模糊的一面与我们赋予他们的自恋外衣之间的张力。只有当我们不再将他们视为自身的映现时，他们才会第一次真正以真实的面貌出现。

　　为了阐明哀悼中的他异性和超越视觉形象的辖域的重要性，我们再举一个例子。这个例子不是临床案例，而是一段历史记录，理查德·特雷克斯勒（Richard Trexler）在他那本谈论中世纪佛罗伦萨的日常生活的书中提到了它，让-克洛德·施密特在研究中世纪鬼魂时也对这个历史事件有所提及。乔瓦尼·莫雷利（Giovanni Morelli）生于1372年，是佛罗伦萨人，1406年他的大儿子阿尔贝托去世，年仅9岁。阿尔贝托临终前没有牧师在场，乔瓦尼越来越确信自己抛弃了儿子。在接下来的6个月里，他一直避开阿尔贝托的房间，尽管刻意努力地不去想他，但儿子的形象始终挥之不去："我们的眼前不断浮现出他的形象，想起他的样子、状况和他的言行，日日夜夜，午餐晚餐，里里外外都是如此。"仿佛那个死去的男孩在折磨着他们："我们认为他拿着一把刀刺进了我们的心脏。"

　　在阿尔贝托去世一周年时，这种痛苦变得难以忍受："我的灵魂和身体似乎都在被无数长矛尖刺折磨着。"乔瓦尼因为孩子的忏悔没有被牧师听到而自责，尽管我们知道，在当时的佛罗伦萨，阿尔贝托还没有达到第一次忏悔的年龄。乔瓦尼认为正是由于他的疏忽，阿尔贝托的形象才一直萦绕在他的心头。在与儿子的去世时间相同的那一刻，他定定地凝视着耶稣、玛利亚和福音传道者的画像，在儿子拥抱和亲吻他们的地方做了同样的事情。凝视着这些画面，他在脑海中回顾了他们可能会经历的悲伤，并列出了自己的过错，然后祈祷阿尔贝托能够得到拯救。

在这个仪式之后，乔瓦尼无法入睡。他躺在床上辗转反侧，想象着魔鬼在试图让他认为自己的努力是徒劳的，并敦促他想想自己的生活和不幸。于是乔瓦尼不再只想阿尔贝托，而是允许撒旦在他面前讲述他自己的故事。在他同意考虑自己而不只是阿尔贝托的那一刻，动荡平息了。撒旦列举了乔瓦尼经历的所有丧失：他的父亲、母亲、妹妹、初恋、金钱、财产等。魔鬼所做的正是梅兰妮·克莱因所称的哀悼过程的核心：修通最近一次丧失之前的所有丧失。

撒旦告诉乔瓦尼，他一生中最美好的事就是儿子的出生，而现在这已成为他最大的悲哀。乔瓦尼自责道："你没有把他当儿子，而是把他当作外人……你从来没有给过他一张笑脸。你从来没有吻过他，让他感到那满满的深情。"这种自责是乔瓦尼的典型表现，我们知道，他大量时间都在哀叹他的家庭那悲哀且令人沮丧的历史。就像他自己的父亲曾受到家人的虐待一样，他想，生活也残酷地对待了自己。

乔瓦尼本人也被父亲抛下，父亲在他两岁时就去世了。母亲不久便再婚，把孩子留给了她的父母抚养。乔瓦尼着手写父亲的传记时，认为父亲没怎么被爷爷爱过，就像他没怎么被父亲爱过一样。他一遍又一遍地强调父亲被剥夺的、不幸的和被迫害的经历。当乔瓦尼转而回顾自己的生活时，同样的失败感贯穿其中。一次又一次被抛弃，童年的创伤给他带来的伤害"既无法想象，也无法记录，却是无限的"。

回到夜晚的一系列事件，乔瓦尼觉得自己想要自杀，现在他把自己的痛苦和基督的痛苦作了比较。他感到自己不是完全孤独的，这种想法使他可以渐渐进入梦乡。随后，梦中的幻象向他证明，他先前的祈祷被听到了：他被告知，死亡不是他的错。在幻象的第一部分，他被阿尔贝托的形象困扰。为了摆脱它，他决定绕着当地的蒙特莫雷洛高地散步，这个高地的名称与他的姓氏有着语言学上的关联。在行走中，他只能想到阿尔贝托，特别是他自己在儿子身上的失败。随着他变得越来越痛苦，他忘记了时间。过了一会儿，这种痛苦便被阿尔贝托的出生和婴儿时期的甜蜜回忆取代。大量积极的形象出现了。

乔瓦尼坐下来哭泣，这时一只鸟儿唱着甜美的旋律从山上飞了下来。当乔瓦尼接近它时，旋律却变得可怕起来，吓得他逃跑了。在他逃跑的时候，这只小鸟被一头母猪袭击，母猪身上沾满了野猪的粪便，他形容这是一次可怕的经历。之后，他看到远处有两道星光，他便向它们走去，跪下来祈求解释。一道灿烂的光芒笼罩了他，原来是他特别的圣人，凯瑟琳。此时一群鸟儿飞了过来，其中一只变成了阿尔贝托。乔瓦尼转头看向这个幽灵，意识到它没有身体的存在，于是开始对它说话。阿尔贝托的灵魂告诉他，他的祈祷已被接受。乔瓦尼问道："是我导致了你的死亡吗？"它告诉他，那不是他的错。它对他说："不要去寻找不可能的东西。"

这一连串美丽的场景说明了许多我们已经讨论过的主题：记录缺失、修通早期的丧失、把自己放在逝者的位置上，以及诉诸第三方以证实和调节丧失。奇怪的是，理查德·特雷克斯勒的描述漏掉了一些更有暗示性的细节。那只鸟儿其实是从树枝上掉下来的，被野猪弄脏的那只母猪从它身上踩过时用粪便埋住了它。与散发着耀眼白光的圣人相遇时，这位圣人把那只母猪切成了碎片。对粪便和暴力的提及似乎不合时宜，但它们构成了乔瓦尼梦境体验的重要部分。

这里有克莱因和亚伯拉罕钟爱的所有主题：肛门性欲辖域的出现、对母亲身体的攻击等。但我们也能看到自恋的、美丽闪亮的形象与对象之间的分裂，这种分裂在这里以落下来的粪便残渣的形式出现。在这个哀悼过程的决定性时刻，乔瓦尼的梦境上演了一系列的分离，仿佛代表了他所珍视的形象——他失去的儿子的形象——与超越于此的另一个辖域之间的差异。这里的关键是对小鸟变成阿尔贝托的描述：在构成他儿子的同时，这个形象也有一些无法被理解的地方。正如我们先前讨论的那个临床案例的系列梦境，我们在乔瓦尼的哀悼中看到了两个辖域的分离：形象从超越于它的他异性中被剥离，而这一过程能够调节并缓和哀悼者的痛苦。

第四章

　　我们探讨了标志着哀悼工作正在进行的四个过程：引入一个框架来标记象征性的、人为的空间，杀死逝者的必要性，对象的建构——涉及将所爱之人的形象与他们在我们心中占据的位置相分离，以及放弃我们曾为他们而有的形象。这四个主题展示了悲伤（我们对丧失的情感反应）和哀悼（一种心理工作）之间的一些区别。然而，如果这些进程无法开始或被阻塞，那会发生什么情况呢？当我们详细研究哀悼的个体案例时，我们发现事实上他们的哀悼过程几乎总是受到某种阻碍。哀悼过程当然会随着时间的推移而发展，但这些无意识的过程从不像许多关于哀悼阶段的程序化描述所呈现的那样顺利。

　　弗洛伊德认为，哀悼工作的主要障碍是爱与恨的混合。我们对失去之人的正面情感越是被负面情感淹没，我们就越难将自己从中分离出来。事实上，恨是人与人之间的强大纽带，我们在日常生活中都会了解到，对一个人的愤怒与遗忘是多么不相容。但对弗洛伊德来说，一段受阻的、中断的或失败的哀悼与忧郁并不是一回事。即使两者都涉及对丧失的处理，忧郁仍然是一个相当不同的临床类别。

正如我们在第一章中看到的，忧郁的特点是一个人的自尊发生了严重的变化。忧郁者会认为自己一文不值，罪孽深重。没有什么能改变这种自我形象的固定性，它可能会达到一种妄想性的确定。弗洛伊德将此解释为对丧失之人的全面认同：对他人的责备变成了对自己的责备。这被认为是忧郁的核心特征，然而他的学生亚伯拉罕和克莱因都不同意他的观点。他们认为，自责不仅仅是认同又爱又恨的丧失对象的结果，也不仅仅是对外界的责备转向自身的结果。在进一步讨论之前，让我们举一个临床例子。

一位四十多岁的妇女描述了逐渐侵入其生活的自责。她最初是在抱怨自己无法理解的强烈的焦虑状态，以及对自己身体内部的恐惧。事实上，这些恐惧构成了她的自责的一部分，她可以将这些自责大致分为三类。第一类是确信自己做错了什么，尽管她不知道做错的是什么。第二类是对自己的指责，如"可怕"和"恶心"。对她来说最可怕的是第三类，即她的命运将是"永远孤独"。

这些责备会以有意识的想法，以及她所说的"强行"进入她脑海的侵入性想法和形象的形式出现。第三类责备是她最难以承受的，她说"死后必须永远继续下去"是任何人都能想象到的最可怕的命运。

经过一段长时间的分析工作，我们能够重建自责产生的背景。二十年前，她曾遭遇过一次流产，先兆是流血。当时她和母亲在屋里，在她谈论了出血之后，母亲含糊其词地说要给孩子洗礼。流产之后是一段沉默的时期：她的丈夫和家人都没有提及此事，就好像什么都没发生过一样继续生活。正是从这一刻起，她对生活的感觉发生了变化：她说"我觉得自己像个幽灵"，麻木而衰弱地过着每天的生活，"就好像我没有在活着"。

几个月后，在孩子本该出生的日子前不久，当她走在下班回家的路上时，听到一个声音告诉她，她将在这个日子前死去。这个声音并没有让她产生任何焦虑，而是显得很"自然"，仿佛它已经构成了她的日常现实的一部分。她很自然地接受了它的预言。然而很快，第二次怀孕使这个声音消失了，在她养育这个孩子和之后的孩子期间，自责的情绪有所缓解。

许多年后，一系列不可预知的事件导致宣布她死亡的声音再次出现，而她的自责则变得更加强烈。当她描述这些责备的不同形式及其背景时，我们能明显看到第一类责备——宣称她有错——是母亲的指责的直接衍生物。在整个童年时期，她在母亲眼里始终是那个犯错的人。无论她做什么事，母亲都会批评她做得不好。后来，这些指责便被内化，转而针对她自己。

第二类责备也有明确的来源。当她描述那些可怕的、侵入性的、令人作呕的身体画面时，她意识到这是她流产时脑海深处的一个模糊的想法。她曾想知道婴儿的身体会是什么样，并想象了一系列流产胎儿的形象。用来描述这些形象的词语正是她后来描述自身形象的词语，就好像死去婴孩的形象叠加在了她自己的身体上。

第三类自责与这个过程相呼应。一天，她在谈到自己被宣判为永远孤独的想法时突然说："这个世界上没有你的位置。"这句话让她很吃惊，她不知道这句话是从哪儿冒出来的。她想知道"这个世界"是什么意思？但后来她想起了小时候在学校的宗教教育课上听到炼狱时的迷恋和恐惧。没有尽头的地狱景象吓了她一跳，现在这一系列事情变得更清楚了。母亲莫名其妙地提及洗礼仪式是在向她暗示，如果没有名字，孩子就不能上天堂，而会永远待在地狱里。这正是她所恐惧的永远孤独的形态。

我们在这里看到了弗洛伊德所描述的对丧失对象的认同。在失去婴儿之后，婴儿的阴影落在了她的自我之上：她变成了死去的孩子，因此，关于残缺不全的身体和被判处永堕地狱的想法开始占据她的自我形象。她对时间的实际体验也由此受到了这种认同的深刻影响，并且这种认同利用了她小时候对炼狱的了解。她在流产后感觉自己变成了幽灵，这种感觉恰恰反映了这一点：实际上，她已经和她的孩子一起死掉了。

我们在前文中看到了哀悼的工作是如何杀死逝者的。哀悼者可以选择杀死逝者，或与他们一起死去。忧郁者的选择是与逝者一同死去。这可以是字面意义上的，如同那些在所爱之人死后迅速自杀的人；即使哀悼者在生理上还活着，这种情况也可能会发生，就像我们在上述临床案例中看到的那样。分析师和精神病医生对那些似乎有意自杀的案例都很熟悉，在这样的案例中，病人会冷静地、有条不紊地计划着自杀行为。在某些情况下，这种平静是可能的，因为这个人事实上已经死了：表面的平静可能会误导临床医生，让他们误以为这个人没有自杀风险。

弗洛伊德的这一论点的威力在于，它表明了我们可以在生理死亡之前死去，因为我们转而栖居在了逝者的世界里。由此，失去的所爱之人就永远不会被放弃。临床医生在接诊那些看起来抑郁和沮丧的病人时，要极为详细地探索其表层抑郁的历史和背景，这是至关重要的。在某些情况下，被轻易贴上"抑郁"标签的东西可能会掩盖一个事实，即当事人已经和他们失去的爱人一同死去了。不只是所爱之人的死亡会引发这种反应，爱人或朋友的离去，甚至是政治或宗教理想的破灭都可能会引发这种反应。事实上，一些关于忧郁症的中世纪医学文献也会提到，忧郁症发作的一个诱因便是某人失去了他的书籍或图书馆。重要的是失去了自己认为最珍贵的东西。临床医生在接诊一个被认为是抑郁症的病人时，必须用一把细齿梳子细细地"梳理"这个病人，看看他的这种平淡无奇或悲痛欲绝的感觉是否掩盖了可能会在之后通过自杀行为变成现实的一种死亡形式。

与逝者一同死去的想法可以解释许多其他的临床现象。忧郁症患者可能会抱怨他们的一些疾病或身体症状，而我们最终会发现这些症状复刻了失去之人的症状。或者，他们可能会发现自己上演着失去之人的部分生活，甚至会体验到自己身体的某个部分仿佛属于另一个人。在一个案例中，一个人夜里醒来时看到自己的胳膊似乎是别人的胳膊。当他寻找词语来描述它们的时候，脑海中就只出现了描述父亲的胳膊的那些词语，而这位父亲在他幼年时便已去世。"当我醒来时，我的胳膊在现实中是看得见的，但它们不是我的——它们似乎是死人的，没有生命，模糊而发黄。我自己真正的身体是幽灵，我很害怕。"丧失的对象真的住进了他的身体。

与逝者一同死去还有另一个后果：它意味着逝者不能被杀死。正如我们所见，这将永远阻碍哀悼的进程。它将忧郁症主体置于一个非常特殊的位置。他处在两个世界之间：逝者的世界和生者的世界。例如上文讨论的那个女人，她在流产后感到自己死了，好像现在的自己是个幽灵。忧郁症主体也常常描述这种分裂的存在：一面是在社会和群体中与他人共同生活，另一面是绝对的孤独。正如一个人所说："就像梦游一样，处于两个平行且同步的存在状态中。"对忧郁症患者来说，经历这种分裂，试图理解它并将其表达出来，可能是一个可怕的、难以承受的痛苦过程。

这可以阐明众所周知的忧郁症患者的晨时痛苦。为什么醒来这么困难？是因为要面临新的一天，还是因为大脑中化学反应的紊乱？正如一位忧郁症患者所说，醒来是一天中最痛苦的时刻，因为"它意味着从一个世界到另一个世界"。睡眠世界和清醒世界之间的边界可能会被感受为逝者世界和生者世界之间的边界：因此，它更加尖锐地让这些人意识到了他们所在处境的不可能性。

有时候，这种分裂的存在会让忧郁症患者觉得活着的人并不是真的活着。其他人被描述为空壳、纯粹的模拟物（simulacra），或不真实的影子。在日常生活中，忧郁症主体被迫完成每天的例行公事，与他人闲聊，从事枯燥的工作，并满足社会生存所需的其他所有常规要求。然而在另一个层面上，他们却保留着对逝者的忠诚。逝者的世界是他们在更深层、更真实的层面上居住的地方。因此，总是存在着这样的危险：他们可能会决定通过自杀来真正地加入逝者。

感觉他人是模拟物，这种现象不只存在于忧郁症中，尽管它在其他临床类别中的存在可能源自同样的过程。在某个层面上，如果忧郁症主体与逝者一同生活，那么活着的人就会变成影子一样的存在。拉康派精神分析对此有一个复杂的解释，但我们先暂时提出一个简单的想法。在这类情况中，我们经常会发现一个以更换（exchange）时刻为特征的童年：孩子在很小的时候因父母离婚而被其中一方交给了另一方，继父或继母取代了父亲或母亲，或者是发生了某种丧失，照料者被更换了。当照料者的身份没有真正改变时，有些因素也可能会导致这种情况的发生，例如母亲反复无常地对待孩子，或者她的存在方式因为疾病或意外而突然改变。关键因素是我们身边最亲近的人的状态突然发生了变化。

面对一个随时变化的照料者，或者在一次剧变中被替代的照料者，婴儿会有何感受呢？或许有一种办法能解决这些可怕的情况，那就是想象照料者其实不止一人，或是一个不真实的人。这并不是说同一个人有两个不同的方面，而是说照料者变成了两个不同的人。在一个案例中，一位妇女描述了她童年的决定性时刻——她知道母亲不再是自己的母亲了。在她三岁半的时候，母亲带着一个新生的婴儿从医院回来，她坚信"这不是我的母亲，是另一个人"。从那一刻起，她觉得自己已经死了。"一切都结束了，逝去了。我失去了一切。"

这让人想起了克莱因对婴儿期分裂的观察。她认为早期生活的特点是，婴儿将不同的两极视为完全独立的，如好的和坏的、令人满意的和令人沮丧的。它们是不同实体的属性，而非属于同一个实体：一个令人沮丧的乳房和一个令人满意的乳房，一个好母亲和一个坏母亲。之后，当婴儿经历她所说的"抑郁心位"时，他或她会意识到它们实际上是同一实体的属性。

在那些被突然易手的情况下，儿童经历了基本参照点的急剧移除。重要的人已经不在了。虽然对这类情况的反应方式多种多样，但对一些儿童来说，这种参照点的丧失是在深刻的、象征性的层面上被感受到的，这改变了他们的整个现实。这不仅仅是感觉到一个人不在了，而且一切都崩溃了，因为这个人就像他们身处环境的一个支点。再也没有任何东西可以保证他们的现实，因此现实本身突然显露出了所有的不稳定。一切都显得不再真实。

让我们再举一个临床的例子。B 由母亲在 C 夫妇经营的寄宿公寓中抚养长大。这对夫妇对他流露了爱意和感情，而他的母亲却总是掩饰不住对他的敌意，无休止地责备他的存在。在 B 五岁的时候，C 先生去世了，几个星期之后，母亲突然带他离开，和他的生父一起生活，后者的妻子刚刚去世。这个时刻对 B 来说是灾难性的。他突然失去了一切重要的东西，不仅是因为 C 先生的死，也因为他再也感受不到 C 夫人的温柔和关怀了。后来，他将前往新家的过程描述为一次绑架："当我被绑架时，我不得不在另一个地方坚守着这个地方。"实际上，B 的一部分从未离开过 C 夫妇的家。

母亲没有对这一举动给出任何解释，当 B 被介绍给一个他现在应该称之为"父亲"的人时，他完全不知所措。从这一刻起，B 说，他无法确定词语的意思了："'父亲'这个词是什么意思?"他问道，就像他一次又一次地猜测自己的名字，甚至是猜测人称代词"我"一样。仿佛这次移居不仅把他从 C 夫妇的照顾中连根拔起，也把他从语言中扯了出来。此后，正如他所说的那样，他成了"字典的瘾君子"，努力地在其中确定字词的含义。对 B 来说，这些不是虚幻的智力游戏，而是真实的、噩梦般的心事。他问道，词语在搬离 C 夫妇家的那个夜晚前后怎么会有相同的含义呢?

从那时起，他对自己的身体形象也产生了疏离感。"C 先生去世后的那些年，我四处走动、聊天、工作，但我不在那里。我是两个人。"一天，B 在参观博物馆时发现了一座中世纪的圣像。它使他着迷，多年以来，他经常重返这个博物馆，在这座圣像前凝视着它。他渴望打破隔在他和圣像之间的玻璃，以便"接近"它，以某种方式触摸它。在分析中，B 用了数年时间来描述这些参观，他不顾一切地寻找合适的词语来描述他与圣像分离的感觉和一种不可能性，即他无法触及它，也无法说出他想触及圣像之中的什么。

对 B 来说，这种不可能恰恰与描述 C 先生临终场景的

— 170 —

不可能相吻合。"就像伸出我的手，"他会说，"想抓住什么东西，但那里什么都没有。"场景的细节会被一遍又一遍地重复，同时伴随着一种可怕的感觉，即语言无法"触及"这个场景本身。B知道自己同时居住在生者的世界和逝者的世界。但真正的煎熬是寻找词语来描述这种双重存在，这种同时身处两个地方的感觉。这种不可能的体验该如何传达？

对B来说，这个圣像不仅是逝者的象征，也是无法触及逝者的象征。如果这个人对他来说是一个重要的参照点，那么在其死后，他便会寻找"一个参照点的参照点"，一种为突然从他身上扯下来的指南针命名的方法。

被忧郁症主体如此详细描述的社会存在与完全孤独之间的鸿沟感，有时会导致一种特殊的现象。有人实际上会选择成为一个真正的无名氏，默默无闻地处在众人当中。就像一位女性放弃了位高权重的职业，选择去做一份远没有那么刺激的朝九晚五的工作。她说，"我想成为机器中的一个齿轮"。这种对她所谓的"平庸"的追求将使她消失，仿佛让她拥抱了这个模拟物的世界。精神病学家尤金·明科夫斯基（Eugene Minkowski）在20世纪20年代就注意到了这个倾向，我们甚至可以将其视为自杀的一种形式。如果自杀在很多情况下是选择与逝者同在从而消除世界的二元性，那么对平庸的追求可能是相反的过程。主体选择了生者的世界，但生活在这位病人所描述的枯竭感之中。自杀和平庸都意味着从生活中消失。

精通精神分析的读者可能会在这里停顿，并听到一个有关强迫症的著名说法在回荡。它围绕着"我是活着还是死了？"这个问题展开。在接近鲜活的人类欲望维度的意义上，人们认为强迫症主体会避免任何生命的迹象，他们更愿意在机械化的日常生活中抑制自己，从而抹杀与任何他异性的真正相遇。虽然忧郁症和强迫症有着根本的不同，但在这种明显的生与死的并置中，会有什么东西存在吗？毕竟，忧郁症主体可能既是活着的，也是死去的。

强迫症主体与忧郁症主体有很大的不同，首先，他们的生活是围绕着问题而非确定性在运转。他们担忧和拖延，却从未得出任何结论。他们常常迷恋生与死之间的过渡时刻。例如，贝克莱主教就痴迷于了解生死之间、睡眠与醒来之间发生了什么。他甚至安排自己被吊上绞刑架，却因没有及时发出释放信号而昏倒在模拟的绞刑架下。这种对"中间物"（in-between）的兴趣是许多强迫性仪式的主题，这些仪式往往围绕着门槛进行，如门口、入口、出口和栅栏。

在丧失亲人的时候，强迫症患者可能会紧紧抓住得知死亡消息时的某个物品。如果是在电话中收到坏消息，他们可能会选取房间里的某个东西，比如一张照片、一个镇纸或一件文具。然后，他们可能会在确保这个东西就在手边的同时又避开它，把它放在抽屉里，避免接触它。他们精心策划了一种私人的回避。研究这些奇怪仪式的精神病学家瓦米克·沃尔坎（Vamik Volkan）把这种被禁止的物品称为"连接物"（linking objects）。作为与逝者的连接，它们成为强迫症主体所有拖延和仪式的主题。它们必须被紧紧抓住，但又要不惜一切代价地被避开。

然而，这种过程与我们在忧郁症中发现的对逝者的全面认同几乎没有共同之处。这也是自杀在强迫症主体那里如此罕见的原因。逝者的引力没有那么强，对逝者认同的性质也不同。他们可能会恨失去的爱人，但他们不太会把这种恨内化，从而恨自己。强迫症主体其实非常喜欢自己，这也可能是他们最让别人讨厌的原因。他们对死亡的想法忽近忽远，而这转而可能会掩盖对身体受伤或残缺的恐惧。同样，在强迫症患者那里，长时间的抑郁状态很罕见。强迫症主体在分析中变得抑郁几乎总是一个积极的信号，因为这表明通常的防御机制不再起作用，改变因此有可能发生。

在忧郁症中，处在社会人的"虚幻"世界与"真实"存在之间的分裂体验很少不伴随着痛苦。忧郁症主体所居住的"真实"世界涉及无尽的炼狱、漫长如几个世纪的片刻、难以言说的痛苦和不安以及逝者的呼唤等可怕主题。从历史上来看，这些描述的变化显示出我们思维运作的一个基本特征。众所周知，一个生活在 20 世纪 50 年代的偏执狂可能会认为自己受到了克格勃特工的迫害，而如今的迫害者可能会是由畅销小说《达芬奇密码》（The Da Vinci Code）流行起来的天主事工会（Opus Dei）的代理人。每个历史时期都会为某些敌人的代表赋予特权地位，巫师、吸血鬼、纳粹、克格勃特工、外星人，这些被等同于迫害者。他们为偏执狂提供了一种方式来认同他们的迫害，为其命名。文化观念被用来表达受迫害的感觉，而这些会随着时间的推移自然而然地发生变化。

我们在忧郁症中也发现了同样的过程。居住在两个世界的想法常常会受到一种文化对逝者居住地的想象的影响——用作家德里克·雷蒙德（Derek Raymond）的话说，"逝者是如何生活的"。对天堂、地狱或炼狱的描述会对忧郁症患者的实际体验产生构成性的影响。它们不仅能让忧郁症患者思考，还能为他们的实际体验提供素材，就像我们在前文讨论的第一个临床案例中所看到的时间感。自从炼狱学说在 13 世纪确立以来，我们就发现一些忧郁主体认为他们已经到了地狱。历史学家雅克·勒高夫（Jacques Le Goff）提出了一个重要观点：炼狱与其说是一个地方，不如说是一个时间。人们可以根据自己所受苦难的程度来计算在炼狱中的时间，以给出一种"对来世的计算"（accountancy of the hereafter）。

勒高夫描述了许多建立现世时间与炼狱时间的比例关

系的努力，这种比例关系将两个数量不等、种类不同的量度联系起来。随着"时长的心理学化"的发展，关于忧郁症的经典记述开始出现。根据大多数理论，地狱的持续时间可能是有限的，但在那里的一天可能如同人间的一年，这正是我们从忧郁症主体那里听到的。语言的共鸣相当惊人。

有趣的是，勒高夫对中世纪炼狱思想的精心重构带有其自身经历的印记。在应历史学家皮埃尔·诺拉（Pierre Nora）邀请介绍自己对职业的选择时，勒高夫描述了他母亲对天主教的苦难、禁欲和地狱等意象的迷恋。他把母亲对这些形象的"受虐狂般的投入"与她的早逝联系在一起，母亲的缺席如幽灵般一直萦绕在勒高夫的生活中。1924年勒高夫出生后，他的母亲患了产褥热，用他的话说，"她在生与死之间徘徊了三个月"。这种可怕的边缘状态正是他后来研究的主题：生与死之间的奇怪边缘。

由于宗教语言为忧郁症的绝望提供了一个框架，因此，在16和17世纪，心灵关怀的主题之一就是区分真正的罪恶和用宗教教义来表达的罪恶妄想。正如当时的一位医生所说："有一些忧郁症患者被沉重的良心焦虑所折磨，他们对琐事非常重视，想象着不存在的罪过。他们不相信神的怜悯，相信自己被判下地狱，日夜不停地哀叹。"事实上，忧郁症患者所受的这些折磨因宗教辩论而加剧，这些辩论仔细研究了永恒痛苦的含义：例如，马太福音中有一句"永恒的火与罚","永恒"一词在这句话中是什么意思呢?

当忧郁症在19世纪末的法国成为精神病学所讨论的主题时,病例报告中一次又一次地提到这些永恒的痛苦时期,然而现在又结合了一个新的奇怪细节。举个例子,精神病医生于勒·塞格拉斯所诊治的45岁的N夫人在她的孩子死于脑膜炎后出现了一些症状。起初,她有虚弱、疲倦和不安的感觉。这些相当模糊的症状后来变成了更确切的自责:她是孩子死亡的原因。将自己置于原因之所在的这种信念带来了可怕的罪恶感,而这种罪恶感又被合理化了。她认为罪恶感之所以会产生,是因为自己没有正确地领第一次圣餐。随后,这些想法逐渐泛化:她的罪行烧死了她的孩子,她杀死了周围的所有人。作为惩罚,她的罪孽将永远持续下去:"有一天,"她说,"将会持续数千年。"她的否定延伸到了她的器官:她没有心脏和肺。她是不朽的,但"这样的存在是不可能的"。她说,她犯下了毁灭宇宙的罪行,被判处为"不可能"。

这样的主题——比如自责和不可能感——在忧郁症中很常见,但是为什么会有她在第一次领圣餐时出现问题的特别细节呢?当我们翻阅这段时期的其他病例报告时,同样的细节一再出现。第一次领圣餐总会出现问题。虽然这可以看作精神病学家的兴趣的产物,但它不也表明在社会——象征(socio-symbolic)世界中,忧郁症患者在登记层面命名一个问题的某种方式吗？在他们必须占据一个新的象征位置的时刻，在他们经历一个象征性成人仪式的时刻，问题出现了。这个象征性的僵局难道不能给我们一个了解忧郁症主体之困境的线索吗？

早些时候，我们看到了哀悼的第四个要素如何让我们放弃我们曾为失去之人所是的存在。这种放弃要求我们重建这个存在，这是一个艰难而痛苦的自我探索过程。它意味着要揭开我们曾经就别人如何看待我们所做的无意识假设。毕竟，一旦我们对别人如何看待自己以及他们想要什么拿定了主意，我们就会为他们而呈现出一个形象。这种重建的工作往往在忧郁症中受阻。一个主体谈到了他一生中所有被称呼、被赞美、被认同的时刻。但他从来不觉得自己知道他们在赞美谁。"他们到底在说谁？"他会问。他会不停歇地回忆自己不同的形象，仿佛它们都提供了讲述自己是谁的可能性，然而没有一个能提供明确的答案。"每次有人对我说'你是……'"他说，"这都是在暗指另一个人，但假如没有这种指涉呢？"

这难道不会让我们想到 N 夫人所唤起的象征性的僵局吗？就像第一次圣餐出了问题一样，个人的位置在象征世界里会被固定在象征性网络中，而 N 夫人进入象征世界的过程受到了阻碍。每当需要承担一个象征性的位置时，就只有一个空洞。这正是忧郁症主体的问题：没有象征性的大他者为他定位，所以他只剩下自己的形象，没有锚点，没有束缚，任由极为实在的而非象征性的大他者摆布。如果没有一个稳定的锚点、没有固定的方式来定位自己与大他者的关系，一个人怎么可能建立理想之点，让人从中看到自己的可爱之处呢？或许因此，主体必然会认为自己是毫无价值的、不受欢迎的或被谴责的。也许，我们所看到的对逝者的认同正是忧郁症的核心所在。

选择和逝者一起死去在这里有了新的意义。逝者不能被放弃，因为如果没有他们，哀悼者会被更可怕的事情所摆布。如果失去的人提供了一个参照点和一个屏障以抵御不可预测的侵入性的家庭环境，那么尽管他们在经验上不存在，但他们仍必须被保留下来。因此，忧郁症可被看作对如下状态的防御：作为纯粹的对象而受到一个无爱和敌对的世界所有可能的攻击。如果对逝者的愤怒在某种意义上是由于他们不仅离开了我们，还把我们留给了别人，正如 B 的案例清楚表明的那样，那么若不付出可怕的代价，他们就无法被放弃。如果我们把偏执狂定义得比较宽松，即无法调节的受大他者摆布的状态，那么忧郁症在某些情况下也许可以被看作是对偏执狂的一种防御。

在养父去世后，B 离开了这个家，他每周六都会回来看望挚爱之人的妻子和她的孩子。他说，回去"是为了寻找一个我可以被人知晓的点"。这场惨痛的丧失使他陷入了一个世界，"我在其中不得不成为另一个人，但我仍要以某种方式坚守另一个世界，在那个世界里，我是别人的

B"。随着他最基本的坐标系统被移除，没有大他者为他提供身份了。后来，用他自己的话说，为了弄清楚"他是谁"，他会求助于一连串的女人。但他总是被她们"当作另一个人，当作一个不真实的小男孩"而被爱着。

象征的僵局给忧郁症主体带来了特殊的问题。一个忧郁症主体同时处于两个地点，两个无法叠加的完全不同的空间。但这种痛苦如何传达呢？几个世纪以来，忧郁症的一个著名特征便是它与艺术创作和写作的联系。事实上，在某些历史时期有关忧郁症的讨论中，对其创造性方面的强调远远超过它的抑郁元素。

忧郁症主体有一个特别的困境。他极力想表达自己的状态，然而，如果他同时身处两个地点，又如何能描述自己的位置呢？他应该在哪个地点说话？由此产生的不可能感是忧郁症的一个共同特征。历史上的忧郁症个案报告和当代的临床实践都一再说明了这一点，总会涉及某种形式的不可能，一些必须做的事情，一些无法完成的任务。这与许多偏执狂或精神分裂症案例的临床图景有很大的不同。在这些案例中，病人可能确实非常痛苦，也会经历无数的障碍，但重点并非不可能的经验本身。其实，偏执狂往往对未来寄予厚望。

然而，忧郁症主体却一次又一次地告诉我们，他们的处境如何包含着一种不可能。他们能够十分清晰地界定这一点。至关重要的是，这种陷入僵局的感觉被传达了出来。这意味着忧郁症主体的挣扎部分与语言有关，与寻找表达不可能的方式有关。这并不是说忧郁症主体有一个问题，然后想要表达出来，事实上，想要表达——或者感觉到表达受阻——正是问题的一部分。忧郁症主体不太可能会把这一点藏在心里，似乎不可能的感觉和必须传达这一点之间存在着某种联系。这些特征的完全重复或许表明这里有一个结构性的问题。事实上，这正是我们在弗洛伊德的论证中发现的。

弗洛伊德在区分哀悼和忧郁时提出，对与失去对象相关的记忆和期望的关注，会涉及我们头脑中不同系统之间的关系。他认为，思维至少包含两个精神系统，一个与对事物的感知有关，一个与文字和语言有关。他把这两个不同的层次称为"词表象和物表象系统"（systems of word and thing representations）。物表象由记忆的集合以及这些记忆衍生出的痕迹组成，而词表象则由与物表象关联的语言的声音和语义组成。通常情况下，这两个系统是紧密结合在一起的。弗洛伊德认为，哀悼之所以能够进行，是因为物表象与词表象之间的运动是可能的。这是由心理的前意识系统促成的，它将两个系统结合在一起，并在两个网络之间建立通道。由于物表象的每一个方面都受到哀悼的判断，与之相联的情感便在弗洛伊德所说的"细节工作"中被分散了。这些情感从物表象移动到字词的声音形象，之后又移动到言语本身。在这些系统中，对象的所有不同方面的登记必须被逐个访问，这一事实意味着哀悼将是一个漫长而痛苦的过程。

弗洛伊德认为，在忧郁症中有一个屏障阻碍了表象系统之间的正常通道。无意识的物表象不能通过言语表象被触及，因为经由前意识通往词表象的道路被阻断了。无法从一个系统通往另一个系统，忧郁症主体被滞留在这种困境中。因此，忧郁症的核心是与语言有关的问题。对忧郁症主体来说，语言和事物似乎完全分离。这似乎是弗洛伊德试图阐明象征性僵局的方式，我们在众多忧郁症主体对其处境的描述中都发现了这种僵局。无论我们是否同意弗洛伊德关于词表象与物表象的理论框架，重要的是，他将忧郁症归因于语言和登记系统的困难。

这不仅引出了一个有趣的问题，即言语对哀悼而言是否必要，也让我们看到了一种与前述情况截然不同的忧郁症的自责感。在某些情况下，一个忧郁症主体可以喋喋不休地贬损自己，确切地说，是认为自己不配履行某种责任，而这种责任，正如我们之前探讨过的，与另一种责任有关，即讲述失去的爱的对象和自己与此对象的关系。一个忧郁症主体会无休止地责备自己不能准确地告诉你一些事情，不能触及什么东西，就像 B 会责备自己无法描述他与 C 先生的遗体相遇，或与博物馆的圣像相遇的场景一样。

这里的问题是，让词语触及所指是根本不可能的。丹尼尔·笛福（Daniel Defoe）很好地看到了这一点，他在1705年的讽刺作品《巩固者》（"The Consolidator"）中提出了"思考机器"，该机器旨在将大脑与思考的对象直接联系起来以防止忧郁。他在书中一针见血地指出：忧郁的一个核心问题是词语对事物的参照。他提出，"保持思想的正确性，以指引对象"可以消除"忧郁的疯狂"（Melancholy-Madness）。忧郁主体深陷将语言与其所指分离的深渊之中。

这在临床上意味着什么？如果忧郁症意味着从事物到词语的通道被阻塞了，那么我们的目的是扭转这种局面吗？或者，我们要认真对待"不可能性"的概念，试着不去触及所谓的物表象，而是让人们找到词语来指明从物表象到词表象、从一个表象系统到另一个表象系统的不可能性：找到词语来说明词语是如何失败的。这不正是诗歌的功能之一吗？

让我们回到B的例子。有一天，他谈及自己在学校上的一节科学课。他们将一根棍子本身的形象和它浸在水中的形象作了比较。这引起了他的兴趣。他问道："两种不同的东西怎么会是同一个东西呢？"为什么在一个画面中死气沉沉的东西，在另一个画面中却显得活灵活现、栩栩如生？B把这个问题与自己的身份和名字的使用联系起来。这个问题涉及的是他自己，而不是他与死去的C先生建立的显著联系，就像弗洛伊德所说的，"对象的阴影"落在了自我之上。在思考这些问题的时候，B开始写诗。他的诗句关注双重状态，就像水中和水面之上的棍子一样。它们会涉及休止、运动或声音的不同维度，但从来不会涉及单一的静止状态。相反，它们专注于两个明显矛盾的现实之间的不可能关系。

B在寻找一种诗意的方式来命名两种状态重合的不可能性，他身处两个世界之中的不可能性。而且，正如他一再重申的那样，这里的僵局是在语言和话语的层面。话语如何能表达他的位置？它们如何命名这种不可能性？真相是什么？

诗歌可能是一条途径，但忧郁症的僵局也可能产生暴力行动，其目的正是笛福的机器所承诺的。由于话语往往不触及其所指，因此两者的连接可能会涉及暴力——这被许多后弗洛伊德主义的作者专门解释为口腔施虐和恨。换言之，忧郁症主体责备自己未能使两个世界重合，这会产生一种无法忍受的不可能感，与哀悼的痛苦截然不同。在哀悼中，循序渐进地穿越与失去之人相关联的记忆和希望的工作可以让痛苦和渴望逐渐消散。在忧郁症中，由于忧郁症主体并不占据一个可以开启这种工作的地方，这一过程的可能性便受到了损害。

这当然不是忧郁症中唯一的一种自责，但我们在足够多的案例中发现了它，因此它值得关注。精神分析师弗雷德里克·佩利安（Frédéric Pellion）在对忧郁症的细致研究中，仔细探究了忧郁症主体的语言状况。而这种与语言关系的敏感性，对澄清发生暴力或自我毁灭行为的地点而言是很重要的，当临床医生过分强调忧郁症主体的某一个"世界"时，有时会触发这种行为。这种可能突然出现的暴力行为会向临床医生证明什么是真正的问题。它们也可能是一种向目击者——登记这个人正在经历的事情的人——发出呼吁的形式。

从临床的角度来看，忧郁症当然可以得到改善。但这不会是因为它转变成了哀悼。临床医生如果注意到了忧郁症主体的状况与丧失之间的联系，往往会试图让其哀悼。但这可能是一个危险的渴望。正如我们所看到的，哀悼涉及构建对象的过程。若要建构对象，哀悼者必须将根本上丧失的对象的空位与进入其中的人的形象区分开来。但是，恰恰由于对象及其所占据的位置在忧郁症主体这里没有区别，因此这个过程对他们来说是困难的。这就好像一个现实的经验对象——比如一个人——已经体现了缺失的维度。

并非不同的人进入了缺失之所在，而是一个人已经完全被等同于这个地点。这就是为什么失去他们就等于失去了一切。这意味着所爱之人的丧失被体验为一个无法忍受的空洞，这个洞随时都有可能吞噬他们。忧郁症主体更多地眷恋着丧失本身，而非眷恋着失去的人。缺失现在变成了一个洞，而不是可能性的来源。忧郁症主体无法与他的对象分离，因为实际的分离过程被排除了。如果哀悼不是通过早期内化某个对象实现的，而是通过早期内化某个对象的缺失得以进行，那么在忧郁症中，丧失和对象就被等同了。这会产生各种试图使自己得以解脱的方式。跳进洞里就是其中之一。

在一些当代艺术家的作品中，我们可以感受到忧郁的转换，它将缺失转变为某些真实和当下的东西。布鲁斯·诺曼（Bruce Nauman）有一件著名的铸造作品，不是一张桌子，而是桌子所限定的空白空间。后来，英国艺术家雷切尔·怀特雷德（Rachel Whiteread）制作了几件表现建筑结构内部空洞的铸造作品，其中最著名的是"房子"（House）——伦敦一所房子内部空白空间的庞大具化物，用混凝土铸造而成。而科妮莉亚·帕克（Cornelia Parker）则以其优雅和才智，利用戒指在刻字过程中产生的银屑，利用被剥夺声音的乐器的"失声"，甚至利用曾经在英国日历中丢失的十一天来制作作品。这些截然不同的艺术实践都有一个共同的关注点，那就是赋予"缺失"以物理存在；它们将消极的空间变成了真实的、有形的东西。诺曼和帕克的作品以某种轻盈的方式做到了这一点，而怀特雷德的巨大单调的结构可能会让我们联想到忧郁的空洞；一种巨大的、不可避免的、无处不在的空。

我们早先已经看到，对象的构建总是包含某种牺牲。这不禁让我们想到在有些葬礼仪式上，哀悼者会将自己身体的一小部分扔进坟墓：一个指甲、一缕头发，甚至在某些情况下是一根手指。只有当一个人象征性地放弃了某物，哀悼才能继续。然而，忧郁症主体会尝试用整个人的存在代替身体的一小部分，通过这种牺牲来分离自己的痛苦。忧郁症主体成为真正被丢弃在坟墓里的对象。在这里，牺牲的不是身体的一部分，而是他或她自己。在最近的一个案例中，一个女人试图卧轨自杀。火车碾断了她的胳膊但没有杀死她，她捡起胳膊后又走去跳桥，仿佛要牺牲的必须是自己的全部。这类自杀可能是一种绝望的尝试，试图从那些与失去之人有关的侵入性思想和形象中分离出来，正如它们也可能是加入逝者或离开之人的一种尝试。这种情况下的牺牲不是象征性的，而是实在的。

在这里，生者依然与逝者在一起，仿佛基本的依恋是无法放弃的。切断的胳膊更能说明这一点。评论者们对她费劲捡回胳膊却又跳桥的行为感到不解。他们问，如果她知道自己无论如何都要去死，为什么不把胳膊扔下呢？他们认为，捡起胳膊意味着她选择了生而不是死。但是，正如我们在上文指出的，她的目的可能是牺牲自己的全部，在另一个层面上，这难道不也表明也许她正是因为无法忍受与自己的一部分分离而自杀的吗？她所爱的人——她在无意识中认为是自己的一部分——已经离去了，所以她要加入他们。那条胳膊是她自身形象的另一部分，因此每一个丧失——人和胳膊——都被她拒绝了。她留着那只胳膊，然后出于完全相同的原因而自杀。

我们已经看到，人类处理丧失经历的方式很不简单。即使我们的表面行为看似相像，我们无意识的精神生活却显示出真正的多样性。几乎所有我们讨论过的例子所呈现出的状态都会被诊断为"抑郁症"，但起作用的原因和机制却从不相同。与我们失去的人保持联系可能是必要的，但如何做到这一点却有着完全不同的形式。在所谓的"抑郁症"之外，我们发现了一系列复杂的无意识过程，而哀悼和忧郁的概念让我们可以对其进行必要的详细研究。

然而我们必须小心，不要混淆这两种结构。一段艰难的、旷日持久的哀悼和忧郁不是一回事。在哀悼中，我们慢慢地与逝者分离。在忧郁中，我们依附在他们身上。在临床上，两者往往区分不清，一些更深入的例子可能有助于让我们更加清晰地了解它们的界限。一个小女孩与她的父亲分开了，当他离开她母亲的时候，他带走了除她之外的所有孩子。几年后，母亲决定到另一个国家接受职业培训，因此商定让女孩与她的父亲和兄弟姐妹一起生活。在机场，母亲给了她一个洋娃娃，在新家，她每天晚上都把洋娃娃紧紧抱在身边，很有意识地给自己制造了一种强烈的痛苦状态。父亲和她的兄弟姐妹一致对母亲进行了严厉的评判和贬低，然而女儿对母亲有着强烈的忠诚。她觉得记住母亲是自己的责任，她通过娃娃的形象来做到这一点。这就是她所说的"承诺"："我必须忍受痛苦，"她说，"这样我才能和妈妈在一起。"

每天晚上强烈的痛苦状态或许不是在哀悼母亲的缺席，而是她与母亲保持联系的方式，是让母亲保持在场的方式。这种与不在场的人之间的强大联系或许会让我们想起，一个忧郁症主体的存在可能会被对失去爱人的思念所浸透。但事实上两者大相径庭。多年后长大的女儿说，即使与母亲重逢，她仍然觉得母亲不在。母亲这个真实的、经验性的形象，并不足以填补她生命中丧失和缺席的空洞。在这里，我们应该区分以下两者：组织起我们大部分生活的普遍而基本的缺失，以及有时可能会令我们想起这些缺失的真正的丧失。在忧郁症中，这两个维度没有区别。

在另一个案例中，男孩的母亲在生下他后不久就去世了。父亲很快再婚，母亲存在的唯一标志是父亲的黑色情绪：他说，正是这些情绪，而不是任何照片或纪念品，见证了她的生命，表明她确实存在过。后来，这个男孩持续陷入了一场无法放弃的情绪循环中，尽管他意识到了这些情绪对自己和周围的人有多大的破坏力。仿佛放弃这些情绪就意味着放弃了他与母亲留下的唯一痕迹的联系。

在第三个例子中也可以发现类似的对逝者痕迹的依恋。一名年轻妇女对自己的身体形象感到非常痛苦，因为太胖和吃错食物而无休止地折磨自己。她的父亲在她还是孩子的时候就突然去世了，他对她唯一真正的兴趣就是对她的外表和饮食进行训诫。即使她还是个小女孩，他也用残酷的话批评她，这些评论一直在她的脑海中回荡。在分析期间，她首先意识到她对自己太胖的攻击是父亲对她的攻击的直接衍生物。其次，她意识到自己把这些外在的攻击变成了自责，以维持与父亲的联系。父亲唯一的遗产就是对她身体的批评，所以通过延续这种批评，在某种意义上，他将继续存在。

在第一个案例中，是痛苦提供了一座通往缺席的所爱之人的桥梁；在第二个案例中，是坏情绪的存在；在第三个案例中，是对自身形象的恐惧。然而在这三个案例中，这座桥都没有吞没当事人，从而让所爱之人的丧失占据他们的整个存在。在人物的形象和缺失的感觉之间仍然存在一种张力，而不是两者绝对等价。另一种描述其中差异的方式是由一个忧郁症主体提出的。他区分了对一个积极词汇的否定和对一个消极词汇的肯定。为了找到一种方法来谈论他在童年时失去的父亲，他对比了逻辑学中把否定符号放在特定词语旁边的方式（—［那个男人］）和一个否定词语本身被强调的方式（［—那个男人］）。在第一种情况下，被称为谓词否定的否定标志——或者说缺席——被外在地应用于一个词语或概念（那个男人），而在第二种情况下，被称为词语否定的否定被包含在词语本身（那个非男人)。

　　这种鲜明的区分也许正是哀悼与忧郁的区别所在，它本身也是逻辑哲学的一个主题。哀悼涉及对一个积极词语建立否定的过程，涉及对缺席和丧失的承认。我们接受了一个存在已不复存在。另一方面，忧郁涉及对消极词语的肯定。失去的所爱之人变成了一个洞，一个永远存在的空洞，忧郁症主体无法放弃对它的依恋。有趣的是，在逻辑哲学中，不可能将前者转化为后者：谓词否定和词语否定在根本上是不相容的。在这里，我们再次发现了我们已经多次提到的不可能性。也许在这里提供出路的不是逻辑，而是诗歌。正如我们已逝的同事和朋友伊丽莎白·赖特（Elizabeth Wright）所言，忧郁的主题"需要诗意来表达"。

结　论

　　一个患有忧郁症的男人曾经告诉我他是如何接触某个作家的，因为他"需要找到另一种语言"。我问他为什么，他说"为了谈论真相"。他继续说起几十年前看过的一部电影中的一个场景，那是一部美国 B 级片，在那个场景中，一个歇斯底里的女人在哭泣和哀嚎，而一个侦探试图采访她。当她说出刚刚目睹谋杀案带来的悲伤和痛苦时，侦探对她吼道："快把事实告诉我。"正是她的丧失的真相和侦探所要求的事实之间的反差击中了我的病人。他说，真相与"事实"从来不是一回事。

　　以我们之前提到的例子为例，一个男孩在父亲死后把自己困在手提箱里，当他的母亲被问到他在做什么时，她所能看到的只有事实：她的儿子坐在一个手提箱里。她看不到事实背后的真相：他坐在棺材里。划定真相并非易事。我们在许多忧郁症的案例中发现，创造一种新的语言来谈论丧失是多么必要。这是一个漫长而艰辛的过程，每个人都必须找到最适合自己和自己所关心的问题的语言形式。这个形式永远无法事先预知。

与任何抑郁状态工作都要认真对待真相和事实之间的区别。遗憾的是，今天大多数传统的医疗保健形式认为"事实"更重要，它们强调的不是患者无意识的精神生活，而是他们可被观察到的行为。减少痛苦和消除症状被认为是治疗的中心目标。睡眠、食欲和生产力都必须得到恢复。虽然这可能是最重要的，但这里有一种危险，即对症状的抑制取代了对症状的分析，而这些症状可能会在以后的生活中以不同的形式复发。真相的维度被扼杀，而非被阐述。

我们已经看到了无意识过程在哀悼和忧郁中的重要性，而这些往往是抑郁状态背后的原因。为了接近这些进程并对其产生影响，我们需要言语和对话，这不可能是短暂的，也不可能是甜蜜的。在如今这个急功近利的社会，那些宣称能快速见效的治疗方法无疑会显得更有吸引力，尤其是对英国国家医疗服务体系的信托机构和保险公司等医疗保健提供商来说。这些治疗方法可能会改善我们的情绪，使我们不那么焦躁不安，对外界事件的反应也不那么强烈，但它们不会允许任何对我们问题根源的真正触及。药物可以减轻表面的痛苦，但它们无法影响个人的、无意识的真相，它只有通过言说才能显现出来。

今天的人们普遍认为，药物治疗的主要替代方法是认知行为疗法。这些疗法往往非常接近医学模式，认为特定的问题可以通过特定的治疗方法来解决。抑郁症被看作一个孤立的问题，必须像治疗身体健康问题那样对症下药，而不考虑其背景和与身体其他部分的联系。事实上，这就像是以为用导弹袭击恐怖分子的设施就能解决恐怖主义造成的问题一样。军事硬件可能会给我们留下深刻的印象，捕捉到我们童年时对精密技术的迷恋，但问题显然不会被根除。在消除症状和消除病因之间存在着混淆。

干预的明确化前景使得认知行为疗法受到医疗信托机构的欢迎，因为它表明结果可以被清楚地测量，成本效益好的治疗可以被监测和追踪。但这些疗法是基于一种错觉。经过训练的患者认识到他们的抑郁状态是认知错误和自我观察扭曲的结果。他们的症状源于对自身处境的错误判断。通过适当的认知处理，他们将能够以不同的方式看待世界，并缩小他们的适应不良行为与他们——以及比他们更成熟的治疗师——所渴望的行为之间的差距。

让我们举个例子来说明这两种相当不同的世界观。瓦米克·沃尔坎报告了一个案例，一名18岁女子因严重厌食症住院。在她住院期间，护士们注意到了一个奇怪的模式：每当她的体重超过99磅时，她就会拒绝进食，或假装进食而事实上几乎什么也不吃。体重下降之后，她又开始热情地吃东西，对自己的身体形象毫不在意，直到下一次体重超过99磅。然后，挨饿与热情进食的循环又将继续下去。

沃尔坎对这个99磅的选择很感兴趣，尽管治疗她的人都没有重视这一点。当他们一起探索她的过去时，发现她在3年前外公去世时就已经身体不适了。外公曾是一个有影响力的人物，与外孙女的关系特别密切。他因病入院时体重有二百多磅，几周后他最终因病去世。但当外孙女看到棺材中的遗体时，他的消瘦程度令人震惊。当她看到遗体时，无意中听到有人说这位伟人现在的体重不超过99磅。就在那一刻，她晕倒了。

我们可以想象，一位善意的认知行为治疗师可能会试图说服这位年轻女子，让她相信自己的行为是一种自毁倾向。它重复着一个没有结果的循环，对任何人都没有好处。然后，她可能会被鼓励去思考自己停止进食的触发因素是什么。她会被建议记下自己的行为和想法，试着识别出需要修改的模式。事实上，这种来自另一个人的关注和写日记的工作很可能颇有助益。但它们会忽略真相的维度。她的症状与其说是一种认知错误，不如说是一种主体的、个人的真相，涉及她对被摧毁的外祖父形象的认同。认知行为疗法可能会试图纠正她的行为，而分析方法的长远目标是让她获得关于逝者的记忆、思想和幻想，并了解这些是如何与她的童年和后来生活的其他无意识方面联系在一起的。

这个案例清楚地揭示了真相和"事实"的根本区别。我们可以想象，医院的工作人员会对她的99磅体重感到担忧，并根据一张显示她这个年龄的年轻女性正常体重的图表来评估其可能的风险。但这种对标准的关注会忽略 99 这个数字对她的意义，正如沃尔坎展示的那样，这个细节只有通过对话才会出现。当言说的价值被逐渐贬低以支持将命运简化为生物学参数的人类生活愿景时，认识到这一点无疑是重要的。而言说与服药不同，它需要一个倾听者——抑郁者可以向其倾诉的人。如果传达不可能性是忧郁症主体经验的核心，那么必须要有一个人接收到这种传达并帮助他们完成那个艰巨的任务，即寻找新的方式来谈论一个洞。

正如我们所看到的那样，哀悼也需要其他人，他们可以帮助哀悼者将丧失象征化，甚至了解自己对丧失的反应。我们在第二章中讨论的哀悼的对话，可能意味着哀悼过程的开始和一种惰性状态之间的区别，在惰性状态下，生活似乎没有什么可提供，也没有什么可改变。用济慈的话说，哀悼者必须寻找"一个伙伴……在悲伤之谜中"。这就是艺术对人类社会至关重要的原因。毕竟，艺术作品有一个非常简单的共同点：它们都是被制作出来的，而且通常都是脱胎于丧失或灾难的经历。对这个过程的揭露反过来又会鼓励我们去创作，从写日记到写小说或诗歌，或是在画布上落笔。或者仅仅是说话和思考。

在那篇悲观的论文《文明及其不满》（*Civilization and its Discontents*）中，弗洛伊德探讨了文明是如何将它的不满和绝望的根源融入其中的。遍览历史上从宗教到政府对这些问题的不同回应，他得出的结论是，任何形式的社会组织都无法消除人类的痛苦。人们为了共同生活在一起，某些放弃是必要的，而这些放弃将迫使我们在生活的其他方面付出代价。当讨论如何让生活变得更容易忍受时，弗洛伊德引用了腓特烈大帝的一句话：每个人都必须发明一种方法来拯救自己。也许令人惊讶的是，他在这里没有提到精神分析。相反，弗洛伊德把文化而非精神分析作为唯一可能的灵丹妙药，来解决文明生活对我们提出的可怕要求。换言之，他是在说，只有艺术才能拯救我们。

我们在这里可以想到的不仅是丧失之后可能出现的创造力爆发，甚至还有将创造与死亡联系在一起的宏大的艺术全景：从墓画到装饰性骨灰盒、祖先的雕像、石棺和木乃伊、丧葬雕塑、壁画以及各种音乐、艺术和文学作品。在某种意义上，重要的不是这些作品的内容，也不是它们与丧亲或分离的明显联系。相反，重要的是它们是被制作出来的事实，因为这个制作被认为是从一个空的空间、一个缺失中创造出来的。参与别人制作某物的过程，不仅可以鼓励我们选择自己的创造之路，还可以让我们进入自己的悲伤，开始哀悼的工作。

然而，一个空的空间永远不能被视为理所当然。正如我们所看到的，也许哀悼工作需要创造一个空间。这样做意味着要为缺失创造一个框架。在一系列作品中，索菲·

卡尔邀请博物馆的馆长、保安和工作人员描述他们对某幅因被盗或借出而缺失的画作的记忆。他们被鼓励描绘或书写它，然后他们的回忆被展示在博物馆曾放置该作品的地方。在创造了一个人为的框架之后，她又从该框架中构建出这个创造性的作品。她的主题是从缺失中创造，但毫无疑问，他们制作的作品将代替缺失的作品。就像一种片段（fractions）的艺术一样，这些作品不仅标记了一个空的空间，其本身也构成了某种真实的、实质的东西。对于哀悼工作，我们还能期待更多吗？

注　释

引　言

p. iv Sigmund Freud，"Mourning and Melancholia"（1917），*Standard Edition*，vol. 14，pp. 237—58.

p. iv—v 哀悼与忧郁概念的背景，见 Stanley Jackson，*Melancholia and Depression*（New Haven：Yale University Press，1986）；Jennifer Radden，"Melancholy and Melancholia," in David Michael Levin（ed.），*Pathologies of the Modern Self*（New York：New York University Press，1987），pp. 231—250；Lawrence Babb，*Elizabethan Malady：A Study of Melancholia in English Literature from 1580 to 1642*（East Lansing：Michigan State University Press，1951）；Hubertus Tellenbach，*Melancholy*（1961）（Pittsburgh：Duquesne University Press，1980）；Raymond Klibansky，Erwin Panofsky 和 Fritz Saxl，*Saturn and Melancholia*（New York：Basic Books，1964）；Froma Walsh 和 Monica McGoldrick（eds.），*Living Beyond Loss*，2nd edn.（New York：Norton，2004）；Carole Delacroix 和 Gabrièle Rein，"Bibliographie sur Mélancolie et Dépression," *Figures de Psychanalyse*，4（2001），pp. 125—133。

第一章

p. 003 对抑郁的不同观点，见 Arthur Kleinman 和 Byron Good，*Culture and Depression* （Berkeley：University of California Press，1985）；Spero Manson 和 Arthur Kleinman，"DSM-IV，Culture and Mood Disorder：A Critical Reflection on Current Progress," *Transcultural Psychiatry*，35 （1998），pp. 377—86；与 Alice Bullard，"From Vastation to Prozac Nation," *Transcultural Psychiatry*，39 （2002），pp. 267—94。

p. 003—5 不同表现形式，见 J. Takahashi 和 A. Marsella，"Cross-Cultural Variations in the Phenomenological Experience of Depression," *Journal of Cross-Cultural Psychology*，7 （1976），pp. 379—96。

p. 004 Serge André 复杂化了这一观点，见 *Devenir Psychanalyste et le Rester* （Brussels：Editions Que，2003），pp. 149—54。关于自主的新形象，见 Nikolas Rose，*Governing the Soul*，2nd edn. （London：Free Association Books，1999）。

p. 005—6 历史学家，见 David Healy，*The Anti-Depressant Era* （Cambridge，Mass.：Harvard University Press，1997）与 *The Creation of Psychopharmacology* （Cambridge，Mass.：Harvard University Press，2002）；S. Jadhav，"The Cultural Construction of Western Depression," in V. Skultans and J. Cox （eds），*Anthropological Approaches to Psychological Medicine* （London：Jessica Kingsley，2000）；Alain Ehrenberg，*La Fatigue d'Être Soi：Dépression et Société* （Paris：Odile Jacob，2000）；与 Nikolas Rose，"Disorders without Borders? The Expanding Scope of Psychiatric Practice," *Biosocieties*，1 （2006），pp. 465—84。

p. 006 对这些说法的怀疑，见 Ilina Singh 和 Nikolas Rose，"Neuroforum：An Introduction"，*Biosocieties*，1 （2006），pp. 97—102；Giovanni Fava，"Long-term Treatment with Antidepressant Drugs：

The Spectacular Achievements of Propaganda," *Psychotherapy and Psychosomatics*，71（2002），pp. 127—32；David Healy，"The Three Faces of the Antidepressants，" *Journal of Nervous and Mental Diseases*，187（1999），pp. 174—80；与"The Assessment of Outcomes in Depression：Measures of Social Functioning，" *Journal of Contemporary Psychopharmacology*，II（2000），pp. 295—301。

p. 007 抑郁作为保护，见 David Healy，*Let Them Eat Prozac*（New York：New York University Press，2004）。

p. 007 利马，见 Laurence Kirmayer，"Psychopharmacology in a Globalizing World：The Use of Antidepressants in Japan，" *Transcultural Psychiatry*，39（2002），pp. 295—322。

p. 007—8 抗抑郁药的有效性，见 Giovanni Fava 和 K. S. Kendler，"Major Depressive Disorder，" *Neuron*，28（2000），pp. 335—41；S. E. Byrne 和 A. J. Rothschild，"Loss of Antidepressant Efficacy During Maintenance Therapy，" *Journal of Clinical Psychiatry*，59（1998），p. 279—88；Peter Breggin 和 David Cohen，*Your Drug May Be Your Problem*（New York：Da Capo Press，1999）；David Healy，*Let Them Eat Prozac*，op. cit.；以及 *Ethical Human Psychology and Psychiatry* 期刊的任何议题。

p. 016 忧郁与创造力，见 Peter Toohey，"Some Ancient Histories of Literary Melancholia，" *Illinois Classical Studies*，15（1990），pp. 143—61。

p. 016 C. S Lewis，*A Grief Observed*（London：Faber & Faber，1961）。

p. 017 "对失去的爱人的幻觉"，见 Paul Rosenblatt，Patricia Walsh 和 Douglas Jackson，*Grief and Mourning in Cross-Cultural Perspective*（New Haven：HRAF，1976）；Bernard Schoenberg 等，"Bereavement，its Psychosocial Aspects"（New York：Columbia University Press，1975）；以及 Ira Glick，Robert Weiss 和 Colin Murray Parkes，*The First Year of Bereavement*（New York：Wiley，1974）。

p. 018 在一到两年之间，见 George Pollock, "Mourning and Adaptation," *International Journal of Psychoanalysis*, 42 (1961), pp. 341—61。

p. 019 Sigmund Freud, *The Interpretation of Dreams* (1899), *Standard Edition*, vol. 4, pp. 339ff.

p. 021 Gordon Livingstone, "Journey," in DeWitt Henry, *Sorrow's Company: Writers on Loss and Grief* (Boston: Beacon Press, 2001), pp. 100—120.

p. 021—2 关于坡，见 Maud Mannoni, *Amour*, *Haine*, *Séparation* (Paris: Denoel, 1993); 及 Lenore Terr, "Childhood Trauma and the Creative Product — a Look at the Early Lives and Later Works of Poe, Wharton, Magritte, Hitchcock and Bergman," *Psychoanalytic Study of the Child*, 42 (1987), pp. 545—72。

p. 029 "Les Observations de Jules Séglas" (1892), in J. Cotard, M. Camuset 和 J. Séglas, "Du Délire des Négations aux Idées d'Enormité" (Paris: L'Harmattan, 1997), pp. 169—224; 另见 J. Cotard, "On Hypochondriacal Delusions in a Severe Form of Anxious Melancholia," *History of Psychiatry*, 10 (1999), pp. 269—78; 及 Jean-Paul Tachon, "Cristallisation Autour des Idées deNégation: Naissance du Syndrome de Cotard," *Revue Internationale d'Histoire de Psychiatrie*, 3 (1985), pp. 49—54。

p. 031 Christian Guilleminault et al., "Atypical Sexual Behaviour During Sleep," *Psychosomatic Medicine*, 64 (2002), pp. 328—36.

p. 032 Sigmund Freud, *Totem and Taboo* (1912—13), *Standard Edition*, vol. 13, p. 65.

p. 034 Joan Didion, *The Year of Magical Thinking* (London: Fourth Estate, 2005), pp. 160—61.

p. 036 Martha Wolfenstein, "How is Mourning Possible?," *Psychoanalytic Study of the Child*, 21 (1966), pp. 93—123.

p. 039 Helene Deutsch, "Absence of Grief," *Psychoanalytic Quarterly*,

6（1937），pp. 12—23.

p. 041 Billie Whitelaw，··· *Who He?*（London：Hodder & Stoughton，1995），p. 114.

p. 041 Breuer，见 Freud，*Studies on Hysteria*（1895），*Standard Edition*，vol. 2，pp. 33—4。

p. 041—2 毛巾，见 Vamik Volkan，*Linking Objects and Linking Phenomena*（New York：International Universities Press，1981），p. 75。

p. 042 Edith Jacobson，"Contribution to the Metapsychology of Psychotic Identification，"*Journal of the American Psychoanalytic Association*，2（1954），pp. 239—62.

p. 043 列宁，见 George Pollock，"Anniversary Reactions，Trauma and Mourning，"*Psychoanalytic Quarterly*，39（1970），pp. 347—71。

p. 045 波洛克论命运，"On Time and Anniversaries'，in Mark Kanzer（ed.），"*The Unconscious Today*（New York：International Universities Press，1971），pp. 233—57。

p. 046 Bertram Lewin，*The Psychoanalysis of Elation*（London：Hogarth，1951）.

p. 046 Sigmund Freud，*The Ego and the Id*（1923），*Standard Edition*，vol. 19，pp. 28—30.

p. 049 幸存者，见 Natalie Zajde，*Enfants de Survivants*（Paris：Odile Jacob，1995）。

第二章

p. 053—4 Karl Abraham，"A Short Study of the Development of the Libido Viewed in the Light of Mental Disorders"（1924），in *Selected Papers on Psychoanalysis*（London：Maresfield Reprints，1979），pp. 418—501；Melanie Klein，"A Contribution to the Psychogenesis of Manic-Depressive States"（1935），in *Love，Guilt and Reparation*

（London：Hogarth，1975）and "Mourning and its Relation to Manic-Depressive States"（1940），in ibid；另见 J. O. Wisdom，"Comparison and Development of the Psychoanalytical Theories of Melancholia," *International Journal of Psychoanalysis*（1962），pp. 113—32；及 Bertram Lewin，*The Psychoanalysis of Elation*，op. cit.。

p. 055 Jack Goody，*Death，Property and the Ancestors*（London：Tavistock，1962）.

p. 055 饮食，见 Walter Burkert 和 Homo Necans，*The Anthropology of Ancient Greek Sacrificial Ritual and Myth*（Berkeley/Los Angeles：University of California Press，1983）。

p. 055—6 Otto Fenichel，"Respiratory Introjection"（1931），in *The Collected Papers of Otto Fenichel*，vol. 1（New York：Norton，1953），pp. 221—40.

p. 056 Colette Soler，*What Lacan Said about Women*（New York：The Other Press，2006）.

p. 057 Sigmund Freud 和 Karl Abraham，*The Complete Correspondence of Sigmund Freud and Karl Abraham* 1907—1925，ed. Ernst Falzeder（London：Karnac，2002）。

p. 059 Robert Lifton，*Death in Life：The Survivors of Hiroshima*（London：Weidenfeld & Nicolson，1968）.

p. 059—60 对克莱因的一个批评，见 Darian Leader，*Freud's Footnotes*（London：Faber & Faber，2000），pp. 49—87 and 189—236。

p. 061 Cheryl Strayed，"Heroin/e," in DeWitt Henry，*Sorrow's Company：Writers on Loss and Grief*（Boston：Beacon Press，2001），pp. 140—53.

p. 064 Emile Durkheim，*Elementary Forms of Religious Life*（1912）（Oxford：Oxford University Press，2001）.

p. 064 Geoffrey Gorer，*Death，Grief and Mourning*（New York：160 Doubleday，1965）.

p. 064—5 Luc Capdevila 和 Danièle Voldman，Nos Morts：*les sociétés occidentales face aux tués de la guerre*（Payot：Paris，2002）。

p. 065—6 "让哀悼衰落"，见 H. S. Schiff，*The Bereaved Parent*（New York：Crown，1977）。

p. 065—6 艾滋病，见 Gad Kilonzo 和 Nora Hogan，"Traditional African Mourning Practices are Abridged in Response to AIDS Epidemic：Implications for Mental Health，" *Transcultural Psychiatry*，36（1999），pp. 259—83。

p. 067 Klein，"Mourning and its Relation to Manic-Depressive States，" in *Love*，*Guilt and Reparation*，op. cit. p. 359.

p. 067 希腊文化中的哀悼，见 Nicole Loraux，*Mothers in Mourning*（1990）（Ithaca：Cornell University Press，1998）；及 Richard Seaford，*Reciprocity and Ritual*（Oxford：Clarendon Press，1994）。

p. 069 Mark Roseman，*The Past in Hiding*（London：Penguin，2000），以及 "Surviving Memory：Truth and Inaccuracy in Holocaust Testimony，" *Journal of Holocaust Education*，8（1999），pp. 1—20.

p. 071 Martha Wolfenstein，"How is Mourning Possible?，" op. cit. ，pp. 93—123.

p. 073 哈佛研究项目，见 Ira Glick，Robert Weiss 和 Colin Murray Parkes，*The First Year of Bereavement*（New York：Wiley，1974）。

p. 074 温尼科特和拉康论仇恨，见 Darian Leader，"Sur l'Ambivalence Maternelle，" *Savoirs et Clinique*，1（2002），pp. 43—9。

p. 075 Maud Mannoni，*Amour*，*Haine*，*Séparation*（Paris：Denoel，1993）.

p. 076 Philippe Ariès，*Western Attitudes toward Death from the Middle Ages to the Present*（Baltimore：Johns Hopkins University Press，1974），*L'Homme devant la Mort*（Paris：Seuil，1977）.

p. 076 伊朗，见 Byron Good，Mary-Jo DelVecchio Good 和 Robert Moradi，"The Interpretation of Iranian Depressive Illness and Dysphoric

Affect," in Arthur Kleinman 和 Byron Good, *Culture and Depression* (Berkeley: University of California Press, 1985), pp. 369—428。

p. 078 Hanna Segal, "A Psychoanalytic Approach to Aesthetics" (1952), in *The Work of Hanna Segal* (London: Free Association Books, 1986), pp. 185—205.

p. 079—80 Ginette Raimbault, *"Qui ne Voit que la Grâce …"*, *Entretiens avec Anna Feissel-Leibovici* (Paris: Payot, 2005), p. 192.

p. 080 Sophie Calle, *Exquisite Pain* (London: Thames & Hudson, 2004).

p. 081 歇斯底里的认同，见 Freud, *Group Psychology and the Analysis of the Ego (1921)*, *Standard Edition*, vol. 18, pp. 107—8。

p. 084 Vincent Sheean, *Lead Kindly Light* (London: Cassell, 1950).

p. 085 Freud, *Studies on Hysteria* (1895), *Standard Edition*, vol. 2, pp. 162—3.

p. 086 关于果戈里，见 Pollock, "Anniversary Reactions, Trauma and Mourning," *Psychoanalytic Quarterly*, 39 (1970), pp. 347—71；关于梵·高，见 Humberto Nagera, *Vincent Van Gogh — A Psychological Study* (London: George Allen & Unwin, 1967)。

p. 087 Billie Whitelaw, … *Who He?*, op. cit., pp. 31—2.

p. 089 Margaret Little, *Transference Neurosis and Transference Psychosis: Towards Basic Unity* (London: Free Association Books, 1986), p. 301; Helene Deutsch, "Posttraumatic Amnesias and their Adaptive Function," in *Psychoanalysis: A General Psychology*, ed. Rudolph Loewenstein et al (New York: International Universities Press, 1966), pp. 437—55.

p. 089 Ludwig Binswanger, *Sigmund Freud: Reminiscences of a Friendship* (New York: Grune & Stratton, 1957), p. 84.

p. 089 参见 E. F. Benson, *Queen Victoria* (London: Longman, 1935); Elizabeth Longford, *Victoria R. I.* (London: Weidenfeld, 1964);

Stanley Weintraub, *Victoria*: *Biography of a Queen* (London: Unwin, 1987)。

p. 089—90 Milo Keynes, *Lydia Lopokova* (London: Weidenfeld & Nicolson, 1983).

第三章

p. 095 18 世纪的幽默作家，见 Larry Shiner, *The Invention of Art* (Chicago: University of Chicago Press, 2001)。

p. 095 Boris Uspensky, *A Poetics of Composition* (Berkeley/Los Angeles: University of California Press, 1973).

p. 096 Franz Kaltenbeck, "Ce que Joyce était pour Lacan," unpublished paper.

p. 097 Ella Sharpe, *Dream Analysis* (London: Hogarth Press, 1937), p. 187.

p. 098—9 群体习俗，Peter Metcalf 和 Richard Huntington, *Celebrations of Death*, 2nd edn. (Cambridge: Cambridge University Press, 1991); Paul Rosenblatt, Patricia Walsh 和 Douglas Jackson, *Grief and Mourning in Cross-Cultural Perspective* (New Haven: HRAF, 1976); 以及 Jack Goody, *Death*, *Property and the Ancestors* (London: Tavistock, 1962)。

p. 102 儿童恐惧症，见 J. Lacan, *Le Séminaire Livre IV*: *La Relation d'Objet* (1956—57), ed. J.-A. Miller (Paris: Seuil, 1994)。

p. 101—2 词语的使用，见 Darian Leader, *Freud's Footnotes* op. cit. , pp. 212—16。

p. 105 W. G. Sebald, "Anti anti-depressant," Lawrence Kirmayer, "Psychopharmacology in a Globalizing World," *Transcultural Psychiatry*, 39 (2002), pp. 295—322.

p. 106 Sigmund Freud 和 Ernest Jones, *The Complete Correspondence of Sigmund Freud and Ernest Jones 1908—1939*, ed. Andrew Paskauskas

(Cambridge，Mass.：Harvard University Press，1993），letter of 27/ 10/1928。

p. 107—8 白人死而复生，见 Erne Bendann，*Death Customs：An Analytical Study of Burial Rites* (New York：Knopf，1930)，p. 171。

p. 108 Robert Hertz，*Death and the Right Hand* (Glencoe：Free Press，1960).

p. 108 逝者的重新安葬，见 Louis-Vincent Thomas，*Rites de Mort* (Paris：Fayard，1985)；以及 "Leçon pour l'Occident：Ritualité du Chagrin et du Deuil en Afrique Noire," in Tobie Nathan (ed.)，*Rituels de Deuil，Travail du Deuil*，3rd edn. (Paris：La Pensée Sauvage，1995)，pp. 17—65。

p. 109 基督教传统，见 Norman Burns，*Christian Mortalism from Tyndale to Milton* (Cambridge，Mass.：Harvard University Press，1972)；以及 D. P. Walker，*The Decline of Hell* (London：Routledge，1964)。

p. 111 关于非西方信仰的神话，Louis-Vincent Thomas，*La Mort Africaine* (Paris：Payot，1982) 和 *Rites de Mort*，op. cit.；关于父子关系和连续性，见 Patrick Baudry，"Le Sens de la Ritualité Funéraire," in Marie-Frédérique Bacqué，*Mourir Aujourd'hui：Les Nouveaux Rites Funéraires* (Paris：Odile Jacob，1997)，pp. 225—44。

p. 111—2 Lisa Appignanesi，*Losing the Dead* (London：Chatto & Windus，1999)，p. 8.

p. 113 宰牲节，见 Walter Burkert，*Greek Religion* (Oxford：Blackwell，1985)，以及 *Homo Necans：The Anthropology of Ancient Greek Sacrificial Ritual and Myth*，op. cit.。

p. 114—5 自我伤害，见 Erne Bendann，*Death Customs：An Analytical Study of Burial Rites*，op. cit.。

p. 115 肯尼亚田野工作，见 Odile Journet-Diallo，"Un Enfant qui ne Vient que pour Repartir," in Joel Clerget (ed.)，*Bébé est Mort* (Paris：

Eres，2005），pp. 29—45。

p. 118 取名为"没有希望"，见 Odile Journet-Diallo, "Un Enfant qui ne Vient que pour Repartir," op. cit.；Paul Rosenblatt, Patricia Walsh 和 Douglas Jackson, *Grief and Mourning in Cross-Cultural Perspective*, op. cit.。

p. 118—9 Jean-Claude Schmitt, *Ghosts in the Middle Ages*（1994）(Chicago：University of Chicago Press，1998).

p. 120—1 儿童哀悼，见 John Bowlby, "Grief and Mourning in Infancy and Early Childhood," *Psychoanalytic Study of the Child*，15（1960），pp. 9—52；以及 "Pathological Mourning and Childhood Mourning," *Journal of the American Psychoanalytic Association*，11（1963），pp. 500—541。

p. 122—3 对象的构建，见 Lacan, "Le Désir et son Interprétation," unpublished seminar, 1958—9，18/3/59 和 22/4/59；另见 Sidney Blatt, "Levels of Object Constancy in Anaclitic and Introjective Depression," *Psychoanalytic Study of the Child*，29（1974），pp. 107—57。

p. 122 Jean Allouch, *Erotique du deuil au temps de la mort sèche*（Paris：EPEL，1995).

p. 128 Martha Wolfenstein, "How is Mourning Possible?" op. cit.，pp. 93—123，p. 139—40，见 B. Schoenberg et al.，*Anticipatory Grief* (New York：Columbia University Press，1974).

p. 132 伯特兰·罗素，见相关讨论：Laurence Horn, *A Natural History of Negation* (Chicago：University of Chicago Press，1989).

p. 133 Freud, *On Transience*（1915），*Standard Edition*，vol. 14，pp. 305—7.

p. 134 "性爱痕迹"，见 Louis-Vincent Thomas, "Leçon Pour l'Occident：Ritualité du Chagrin et du Deuil en Afrique Noire,"op. cit.。

p. 136 "我们曾为他们所是"，见 Lacan, *Le Séminaire Livre X*：

L'Angoisse（1962—3），op. cit. 。

p. 138 洛里，见 Darian Leader, *Stealing the Mona Lisa*：*What Art Stops us from Seeing*（London：Faber & Faber, 2002），pp. 26—8。

p. 138—9 Joan Didion, *The Year of Magical Thinking*, op. cit. , p. 197；Gordon Livingstone, "Journey," in DeWitt Henry, *Sorrow's Company*：*Writers on Loss and Grief*（Boston：Beacon Press, 2001），p. 106.

p. 140 犹太人文化，见 Froma Walsh, "Spirituality, Death and Loss," in Froma Walsh 和 Monica McGoldrick, *Living Beyond Loss*, 2nd edn. （New York：Norton, 2004），pp. 182—210。

p. 141—2 维多利亚女王，Christopher Hibbert, *Queen Victoria in her Letters and Journals*（Stroud：Sutton Publishing, 2000），p. 177。

p. 142—3 见 Sophie Calle, *M'as-tu Vue?*（Munich：Prestel, 2003）。

p. 144 线轴游戏，见 Freud, *Beyond the Pleasure Principle*（1920），*Standard Edition*, vol. 18，p. 15。

p. 152 "我是他们的缺失"，见 Lacan, *Le Séminaire Livre X*：*L'Angoisse*, op. cit. , p. 166。

p. 152—3 天主教，见 Rowan Williams, *Teresa of Avila*（London：Geoffrey Chapman, 1991）。

p. 153 Richard Trexler, *Public Life in Renaissance Florence*（New York：Academic Press, 1980）；Jean-Claude Schmitt, *Ghosts in the Middle Ages*, op. cit.

第四章

p. 165 失去书籍，见 Stanley Jackson, *Melancholia and Depression*, op. cit. 。

p. 168 拉康派精神分析，见 Lacan, *Ecrits*（Paris：1966），pp. 567—8，及文集 Geneviève Morel, *Clinique du Suicide*（Paris：Eres, 2002）。

p. 168 不同的母亲，见 Edith Jacobson, *Depression*（New York：International Universities Press, 1971），p. 210。

p. 171 Minkowski，*Le Temps Vécu*（Neuchâtel：Delachaux et Niestlé，1968）.

p. 173 Vamik Volkan，"The Linking Objects of Pathological Mourners，" *Archives of General Psychiatry*，27（1972），pp. 215—21.

p. 174 Jacques Le Goff，*The Birth of Purgatory*（1981）（Chicago：University of Chicago Press，1984）.

p. 175 Pierre Nora（ed.），*Essais d'Ego-Histoire*（Paris：Gallimard，1987）.

p. 175—6 "饱受折磨的忧郁症主体"，Lawrence Babb，*Elizabethan Malady*（East Lansing：Michigan State University Press，1951），p. 38。

p. 176 Séglas，in J. Cotard，M. Camuset and J. Séglas，*Du Délire des Négations aux Idées d'Enormité*（Paris：L'Harmattan，1997）.

p. 178 严格地说，我们在这里谈论的是一种偏执的立场，而不是偏执狂本身。偏执狂是一种以防受大他者摆布的防御，妄想的目的是给情况赋予意义。这就是"我被攻击"和"我被攻击是因为一个针对我的阴谋"之间的区别。

p. 180 不可能感的例子，见 Hubertus Tellenbach，*Melancholy*（1961）（Pittsburgh：Duquesne University Press，1980）。

p. 180—1 词表象和物表象，见 Freud，*Project for a Scientific Psychology*（1895），*Standard Edition*，vol. 1，pp. 361—2，和 *The Unconscious*（1915），*Standard Edition*，vol. 14，pp. 166—215。

p. 184 Frédéric Pellion，*Mélancolie et Verité*（Paris：Presses Universitaires de France，2000）.

p. 185 关于消极对象，见 Darian Leader，"The Double Life of Objects，" in *Cornelia Parker*，*Perpetual Canon*（Stuttgart：Kerber Verlag，2005），pp. 72—7。

p. 189—90 关于否定的两种形式，见 Laurence Horn，*A Natural History of Negation*（Chicago：Chicago University Press，1989）。

p. 190 Elizabeth Wright，*Speaking Desires Can Be Dangerous*（Oxford：

Polity, 1999)。

结 论

p. 195—6 99 磅，见 Vamik Volkan，*Linking Objects and Linking Phenomena* (New York：International Universities Press, 1981)。

p. 197 John Keats, "Ode on Melancholy".

p. 197—8 Freud, *Civilization and its Discontents* (1929), *Standard Edition*，vol. 21，p. 83.

p. 199 Sophie Calle，*"Disparitions" and "Fantômes"* (Paris：Actes Sud, 2000)。